マテリアルズ・インフォマティクス II

岩崎悠真 著
Yuma Iwasaki

機械学習を活用したマテリアルDX超入門

日刊工業新聞社

まえがき

　マテリアルズ・インフォマティクス（MI）の領域で研究を続けていると、よく以下のような言葉を耳にすることがあります。

「日本のMI技術は米国に比べると周回遅れである」

　筆者は米国・日本の両方でMI研究をしてきましたが、上記のように日本がMI技術で負けているのかどうか正直よくわかっていません。ただ、間違いなく言えることとしては、今は上記のようなことをあまり気にする必要はないということです。その理由は、MIは生まれたばかりの技術であり、まだまだ発展途上だからです。**MIの最終形態がLv.100だとしたら、今はまだ我々はLv.4～Lv.5あたりで競っている感じ**でしょうか。全員がほぼスタートラインに立っています。そのため、今からMIを始める学生・新人さんでも、頑張ればすぐにキャッチアップできる研究領域です。

　さて、本書『マテリアルズ・インフォマティクスⅡ 〜機械学習を活用したマテリアルDX超入門〜』は、上記でいうところのLv.2くらいの人を対象に書かれた超入門書です。ちなみに前書『マテリアルズ・インフォマティクス 〜材料開発のための機械学習超入門〜』はLv.1の人向けに書かれた超入門書です。本書（Lv.2本）は前書（Lv.1本）を一応読んでいる人（理解していなくてもよい）が読者であることを想定して書かれていますが、いずれにしても超入門書の域は出ません。完全に初学者向けの本となっています。MIの研究をこれから開始しようとしている若い方や、自分自身で研究・開発をする気は無いけれども会社でMIのそれっぽい説明資料を作らなければならない年配の管理職の方などが想定読者層です。マンガ感覚で気軽に読めて、MIやマテリアルDXの全体像がなんとなくイメージできるようになっている本を目指して書かれています。

　本書（Lv.2本）や前書（Lv.1本）を読んでMIの全体像のイメージをなんと

なくつかみ、自分がやりたいことが見えてきたら、より詳細に書かれている別の参考書や論文やWebページを見て勉強を進めると良いでしょう。**本書（Lv.2本）では、参考文献の量を意図的に増やしました。** また、機械学習そのものに関する情報（参考書、教科書、セミナー、Webページなど）は世の中に山のように存在しています。そのため本書（Lv.2本）でも前書（Lv.1本）と同様に、機械学習そのものにかかわる記載は最小限にとどめ、材料学の観点からの記載を多くしています。

　前書（Lv.1本）は、機械学習のアルゴリズムごとに基礎知識や応用事例の説明をしました。一方、本書（Lv.2本）では、技術領域（マテリアルズ・インフォマティクス、プロセス・インフォマティクス、計測インフォマティクス、物理インフォマティクス）およびデータの種類（数値・文字列データ、曲線データ、画像データ、グラフデータなど）に分けて記載をします。読者の方がやりたいことに必要な知識や事例が、より早く見つかる構成になっていると思います。

　最後に、当時は書籍を執筆することなど夢にも思っていなかった私に、前書（Lv.1本）や本書（Lv.2本）の企画のお話をもってきてくださった日刊工業新聞社の岡野晋弥様および国分未生様に深く感謝申し上げます。本書を通じて日本のMI技術の発展に少しでもお役立ちできれば幸いです。

国立研究開発法人 物質・材料研究機構（NIMS）　主任研究員
国立大学法人 東京大学 Beyond AI研究所　客員研究員
JST-CREST『未踏物質探索』　代表研究者
岩崎悠真

目次

まえがき ……………………………………………………………………………………………… i

第 1 章
4つのインフォマティクス

1.1 マテインフォ・プロセスインフォ・計測インフォ・物理インフォ ………… 2
1.2 マテリアルズ・インフォマティクス（マテインフォ）………………………… 4
1.3 プロセス・インフォマティクス（プロセスインフォ）………………………… 7
1.4 計測インフォマティクス（計測インフォ）……………………………………… 10
1.5 物理インフォマティクス（物理インフォ）……………………………………… 12
コラム1 マテリアルDX …………………………………………………………………… 15

第 2 章
よく起こるシチュエーションとその解決策

2.1 探索範囲が広い場合は？
　　〜バーチャルスクリーニングとアクティブラーニング〜 ………………… 22
2.2 目的変数が複数ある場合は？〜多目的最適化〜 …………………………… 31
2.3 学習データが少ない場合は？〜効率的データ蓄積と少数データ解析〜 38
2.4 その相関関係は信じていいの？〜合流点バイアス〜 ……………………… 48
2.5 その予測性能は信じていいの？〜Nested Cross Validation〜 …… 53
コラム2 説明可能AI（XAI）……………………………………………………………… 58

第 **3** 章
インプットデータの種類とその活用方法

3.1 数値や文字列データ ⋯⋯⋯⋯⋯⋯⋯⋯⋯⋯⋯⋯⋯⋯⋯⋯ 68
3.2 曲線データ ⋯⋯⋯⋯⋯⋯⋯⋯⋯⋯⋯⋯⋯⋯⋯⋯⋯⋯⋯⋯ 74
3.3 画像データ ⋯⋯⋯⋯⋯⋯⋯⋯⋯⋯⋯⋯⋯⋯⋯⋯⋯⋯⋯⋯ 79
3.4 グラフデータ ⋯⋯⋯⋯⋯⋯⋯⋯⋯⋯⋯⋯⋯⋯⋯⋯⋯⋯⋯ 86
3.5 その他のデータ ⋯⋯⋯⋯⋯⋯⋯⋯⋯⋯⋯⋯⋯⋯⋯⋯⋯⋯ 94
[コラム2] 量子アニーリング⋯⋯⋯⋯⋯⋯⋯⋯⋯⋯⋯⋯⋯⋯⋯ 100

第 **4** 章
材料開発の事例紹介

4.1 ベイズ最適化を用いて高磁化合金材料を開発する研究 ⋯⋯⋯⋯⋯⋯ 106
4.2 ベイズ最適化とパレート最適を用いて、
　　 ホイスラー合金材料を探索する研究 ⋯⋯⋯⋯⋯⋯⋯⋯⋯⋯⋯⋯ 114
4.3 決定木を用いて、MOFの材料開発プロセスを可視化する研究 ⋯⋯⋯ 120
4.4 AIロボット自律合成装置を用いて
　　 TiO_2 薄膜を自動最適合成する研究 ⋯⋯⋯⋯⋯⋯⋯⋯⋯⋯⋯⋯ 124
4.5 ニューラルネットワークを用いて
　　 酸化物のスペクトルから物性を予測する研究 ⋯⋯⋯⋯⋯⋯⋯⋯⋯ 128
4.6 ECMアルゴリズムを用いて、
　　 スペクトルデータを高速自動フィッティングする研究 ⋯⋯⋯⋯⋯⋯ 132
4.7 パーシステントホモロジーを用いて迷路磁区構造を解析する研究 ⋯⋯ 137
4.8 GANとCNNを用いて、カーボンナノチューブを開発する研究 ⋯⋯⋯ 139
4.9 グラフニューラルネットワークを用いて、
　　 分子構造から材料物性を予測する研究 ⋯⋯⋯⋯⋯⋯⋯⋯⋯⋯⋯ 144
4.10 シンボリック回帰を用いて自然法則の定式化をする研究 ⋯⋯⋯⋯⋯ 151

索引 ⋯⋯⋯⋯⋯⋯⋯⋯⋯⋯⋯⋯⋯⋯⋯⋯⋯⋯⋯⋯⋯⋯⋯⋯⋯ 157

第 1 章

4つのインフォマティクス

マテリアルズ・インフォマティクス（マテインフォ）、プロセス・インフォマティクス（プロセスインフォ）、計測インフォマティクス（計測インフォ）、物理インフォマティクス（物理インフォ）それぞれについて簡単に解説します。

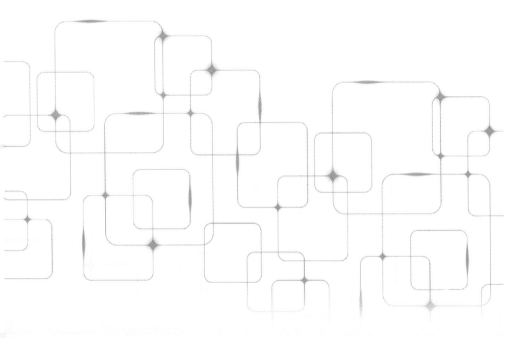

1.1 マテインフォ・プロセスインフォ・計測インフォ・物理インフォ

　機械学習などのデータ科学を使い材料開発を行う技術領域は、細かく分けると以下の4つの技術領域に分割して考えることができます。

- ■マテリアルズ・インフォマティクス（略：マテインフォ）
- ■プロセス・インフォマティクス（略：プロセスインフォ）
- ■計測インフォマティクス（略：計測インフォ）
- ■物理インフォマティクス（略：物理インフォ）

　それぞれの役割を**図1.1**に示します。「マテリアルズ・インフォマティクス」は、機械学習などを用いて新材料を効率的に予測したり発見したりする技術を指します。「プロセス・インフォマティクス」は、機械学習などを用いて新材料・新デバイスを効率的な方法で実際に作ることに重きを置いた技術です。「計測インフォマティクス」では、機械学習を用いて効率的にデータを測定したり、大量のデータを解析したりします。「物理インフォマティクス」では、材料の"予測"ではなく材料物性の"理解"に重きを置いてデータを解析します。現在、それぞれの定義や境界線は結構曖昧になっている（日々変化している）のですが、大体こんな感じの分類になっています。ちなみにですが、上記4つを全てひっくるめて「マテリアルズ・インフォマティクス」と表現することもあります。

　これら4技術は独立したものではなく、図1.1のようにそれぞれがつながってループを組むような関係性にあります。「予測・発見する（マテインフォ）」⇒「作る（プロセスインフォ）」⇒「測定する（計測インフォ）」⇒「理解する（物理インフォ）」⇒「予測・発見する（マテインフォ）」⇒ ……のループです。まず、マテインフォで特性の良い材料の結晶構造や組成を予測・発見し、その材料組成・構造を目指して実際にプロセスインフォで作り、そこで実際に作られた材料の特性を計測インフォで測定・解析し、これらデータを物理インフォの技術でその材料の物性を理解し、そこで得られた知見をもとにまたマテインフォでより良い材料の構造・組成を予測し……という流れです。この『予測』⇒『作製』⇒『測定』⇒『理解』⇒『予測』⇒……のループ流れは、多く

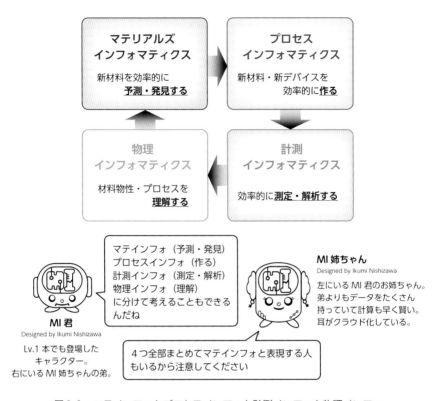

図1.1　マテインフォとプロセスインフォと計測インフォと物理インフォ

の材料開発に当てはまります（順番は結構メチャクチャになることも多いです
が）。

　図1.1をパッと見ますとインフォマティクスという言葉が4つも出てきてい
ます。そのため、**何でもかんでもインフォマティクスで解決しようとしている
ように見えるかもしれませんが、それは間違いです**。機械学習などのデータ科
学は、材料開発におけるツールの一つにすぎません。Lv.1本の1.3でも述べま
したが、実験科学・理論科学・計算科学（シミュレーション）側からアプロー
チした方が圧倒的に効率的であるにもかかわらず無理やりデータ科学側からア
プローチをしてしまうと、時間の無駄となってしまうことが多いのです（筆者
がよくこれを経験しました。後々考えると時間の無駄だったなと……）。その

ため、材料開発では『**必要に応じて**データ科学を使う』という心がけが大切です。もちろん、データ科学の存在を想定して材料開発を進めていくこと（例えば、機械学習で解析しやすいように、材料データは狙い撃ちではなく、まんべんなく取得した方が良い場合がある、など）は求められてきますが、何でもかんでもデータ科学に頼るのは効率的とは言えません。

　最近は『マテリアルデジタルトランスフォーメーション（マテリアルDX）』という言葉もよく聞かれます。マテリアルDXは技術名というよりはもう少し広い意味で使われます。マテリアルDXに関しては、コラム1にて簡単に説明します。

　さて、ここからはマテインフォ、プロセスインフォ、計測インフォ、物理インフォそれぞれについて簡単に説明していきます。

1.2 マテリアルズ・インフォマティクス（マテインフォ）

　「マテリアルズ・インフォマティクス」という言葉は、1.1で述べたように、"機械学習を用いて特性の良い材料の構造や組成を予測・発見する技術"という意味で使われることもありますし、先に述べた4技術すべてをひっくるめた領域全体を意味することもあります。ここでは、細かく分類したときの「マテリアルズ・インフォマティクス」について記載します。

　機械学習の技術を用いて材料開発を行いましょう、という研究開発は、2010年代前半頃から活発に行われてきました。そしてこの期間に行われた研究の多くは、"機械学習を用いて物性値を予測する研究"や、"機械学習を用いて新材料の構造・組成を予測する研究"でした。つまり、小分類における「マテインフォ」の研究はすでに活発に行われてきており、多数の研究事例が存在します。**図1.2**に示すように、今では様々な記述子（数値[1]-[6]・スペクトル[7]-[10]・画像[11]-[14]・グラフ[15]-[17]・テキスト[18]-[20]・etc.）から、物性値の予測や新材料の組成・構造の予測ができるようになっています。（参考に、この辺の技術のレビュー論文や書籍などの情報をいくつか載せておきます[21]-[37]）。そこで使われ

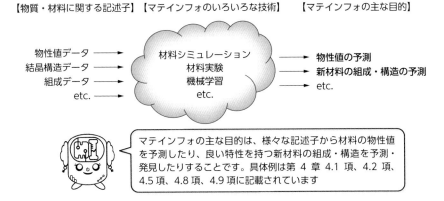

【物質・材料に関する記述子】【マテインフォのいろいろな技術】　【マテインフォの主な目的】

物性値データ　——→
結晶構造データ　——→
組成データ　——→
etc.　——→

材料シミュレーション
材料実験
機械学習
etc.

——→　物性値の予測
——→　新材料の組成・構造の予測
→　etc.

マテインフォの主な目的は、様々な記述子から材料の物性値
を予測したり、良い特性を持つ新材料の組成・構造を予測・
発見したりすることです。具体例は第 4 章 4.1 項、4.2 項、
4.5 項、4.8 項、4.9 項に記載されています

図1.2　マテリアルズ・インフォマティクス（マテインフォ）

るメジャーな手法は、後で説明するバーチャルスクリーニングやアクティブ
ラーニングです（これらは第2章で説明します）。これらの手法が材料開発業
界に浸透してきたため、「機械学習を用いて新材料の構造・組成を予測するこ
とは、まぁまぁ出来るようになってきたなぁ」というのが、この領域で活動し
ている人々の現在の認識かと思います（もちろん、細かい話をすると課題は
多々ありますが）。マテインフォの具体的な事例は本書でも第4章4.1項、4.2
項、4.5項、4.8項、4.9項に記載しています。

　マテインフォから新しい材料の組成・構造が予測できると、次に我々はその
材料を実際に合成したくなります。そこでプロセス・インフォマティクス（プ
ロセスインフォ）の登場です。次の項目ではプロセスインフォを簡単に説明し
ます。

(1) T. Yamashita et al. Crystal structure prediction accelerated by Bayesian optimization. Phys. Rev. Materials 2, 013803（2018）
(2) K. Terayama et al. Fine-grained optimization method for crystal structure prediction. npj Comput. Mater. 4, 32（2018）
(3) A. R. Oganov et al. Crystal structure prediction using ab-initio evolutionary techniques： Principles and applications. J. Chem. Phys. 124, 244704（2006）
(4) Y. Iwasaki et al. Machine learning autonomous identification of magnetic alloys beyond the Slater-Pauling limit. Commun. Mater. 2, 31（2021）

(5) L. Ward et al. A general-purpose machine learning framework for predicting properties of inorganic materials. npj Comput. Mater. 2, 16028 (2016)

(6) V. Stanev et al. Machine learning modeling of superconducting critical temperature. npj Comput. Mater. 4, 29 (2018)

(7) S. Kiyohara et al. Learning excited states from ground states by using an artificial neural network. npj Comput. Mater. 6, 68 (2020)

(8) T. Mizoguchi et al. Machine learning approaches for ELNES/XANES. Microscopy 69, 2, 92–109 (2020)

(9) S. Kiyohara et al. Data-driven approach for the prediction and interpretation of core-electron loss spectroscopy. Sci. Rep. 8, 13548 (2018)

(10) M. Umehara et al. Analysing machine learning models to accelerate generation of fundamental materials insights. npj Comput. Mater. 5, 34 (2019)

(11) S. Kajita et al. A Universal 3D Voxel Descriptor for Solid-State Material Informatics with Deep Convolutional Neural Networks. Sci. Rep. 7, 16991 (2017)

(12) Z. Cao et al. Convolutional Neural Networks for Crystal Material Property Prediction Using Hybrid Orbital-Field Matrix and Magpie Descriptors. Crystals 9 (4), 191 (2019)

(13) T. L. Pham et al. Machine learning reveals orbital interaction in materials. Sci. Technol. Adv. Mater. 18 (1), 756–765 (2017)

(14) Y. Wang et al. Porous Structure Reconstruction Using Convolutional Neural Networks. Math. Geosci. 50, 781–799 (2018)

(15) C. Chen et al. Graph Networks as a Universal Machine Learning Framework for Molecules and Crystals. Chem. Mater. 31, 9, 3564–3572 (2019)

(16) K. T. Schütt et al. SchNet – A deep learning architecture for molecules and materials. J. Chem. Phys. 148, 241722 (2018)

(17) T. Xie et al. Crystal Graph Convolutional Neural Networks for an Accurate and Interpretable Prediction of Material Properties. Phys. Rev. Lett. 120, 145301 (2018)

(18) V. Tshitoyan et al. Unsupervised word embeddings capture latent knowledge from materials science literature. Nature 571, 95–98 (2019)

(19) M. C. Swain et al. ChemDataExtractor : A Toolkit for Automated Extraction of Chemical Information from the Scientific Literature. J. Chem. Inf. Model. 56, 1894–1904 (2016)

(20) M. Krallinger et al. Information Retrieval and Text Mining Technologies for Chemistry. Chem. Rev. 117, 7673–7761 (2017)

(21) K. T. Butler et al. Machine learning for molecular and materials science. Nature 559, 547–555 (2018)

(22) T. Mueller et al. Machine learning in material science : recent progress and emerging applications. Rev. Comput. Chem. 29, 186–273 (2016)

(23) R. Jose et al. Materials 4.0 : Materials big data enabled materials discovery. Appl. Mater. Today 10, 127–132 (2018)

(24) H. Senderowitz et al. Materials informatics. J. Chem. Inf. Model. 58, 2377–2379 (2018)

(25) R. Ramprasad et al. Machine learning in materials informatics : recent applications and prospects. npj Comput. Mater. 3, 54 (2017)

(26) A. Agrawal et al. Perspective : Materials informatics and big data : Realization of the

"forth paradigm" of science in materials science. APL Mater. 4, 053208（2016）

(27) T. Lookman et al. Information Science for Materials Discovery and Design（Springer, Switzerland, 2016）

(28) P. Raccuglia et al. Machine-learing-assisted materials discovery using failed experiments. Nature 553, 73-76（2016）

(29) T. Lookman et al. Materials Discovery and Design : By Means of Data Science and Optimal Learning（Springer International Publishing, Basel, 2018）

(30) J. Schmidt et al. Recent advances and applications of machine learning in solid-state materials science. npj Comput. Mater. 5, 83（2019）

(31) R. Batra et al. Emerging materials intelligence ecosystems propelled by machine learning. Nat. Rev. Mater. 6, 655-678（2021）

(32) A. Lopez-Bezanilla et al. Growing field of materials informatics : databases and artificial intelligence. MRS Commun. 10, 1-10（2020）

(33) 船津公人ほか『実践 マテリアルズインフォマティクス』近代科学社（2020）

(34) 金子弘昌『化学のためのPythonによるデータ解析・機械学習入門』オーム社（2019）

(35) 金子弘昌『Pythonで気軽に化学・化学工学』丸善出版（2021）

(36) 木野日織ほか『Orange Data Miningではじめるマテリアルズインフォマティクス』近代科学社（2021）

(37) V. Stanev et al. Artificial intelligence for search and discovery of quantum materials. Commun. Mater. 2, 105（2021）

1.3 プロセス・インフォマティクス（プロセスインフォ）

　マテインフォの技術の発展により、新規材料の組成・構造の予測はある程度できるようになってきました。しかし、その予測された材料を実際に合成することは簡単ではありません。作り方（合成方法）によって、出来上がる物質・材料は大きく変化するからです。材料特性が良いであろう組成・構造をマテインフォで見つけたが、どう頑張ってもその材料を合成することはできなかった、なんてことは頻繁に起こります。

　材料を合成するプロセスのパラメータは非常にたくさんあります。温度・圧力・時間・使用する装置……などなど、細かく考えると数えきれないほどです。これら材料合成のやり方（プロセス条件）をデータ主導で最適化することが「プロセス・インフォマティクス」の主な目的となります（**図1.3**）。ちなみに、「プロセス・インフォマティクス」という言葉は、材料作製だけでなく

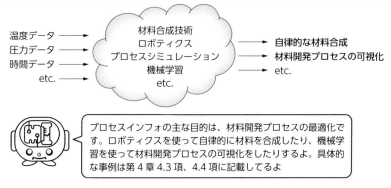

【プロセスに関する記述子】【プロセスインフォのいろいろな技術】【プロセスインフォの主な目的】

図1.3　プロセス・インフォマティクス（プロセスインフォ）

もっと広い概念（例えば材料の予測・作製の両方を含めた技術領域）で使われることもありますし、マテインフォとプロセスインフォを合わせて「MI×PI」と表現することもあります。この辺の定義は曖昧です。

　マテインフォに比べると、プロセスインフォは難しいと考えられています。その主な理由はプロセスに関するデータがあまり蓄積されていないことです。マテインフォで使うことができる材料の物性に関わるデータ蓄積は、世界中で進められています。例えばNIMS（物質・材料研究機構）のMatNaviという材料データベース群には様々な材料に関するデータが蓄積されており、日々どんどん増えています。一方、材料の作り方（プロセス）に関する有用なデータベースは、現在あまり多くありません。特にインフォマティクスの観点からは失敗データ（目的の材料が合成できなかった時のプロセス条件のデータ）が非常に重要となるのですが、これらの失敗データをしっかりと記録して蓄積してあるデータベースは非常に少ないです。そのため、現在のプロセスインフォは、「プロセスデータを蓄積すること」および「少ないデータで材料開発プロセスを最適化（自律化・可視化）すること」が重要となります。

　前者は実験装置のIoT化やテキストマイニングを活用して論文からプロセス情報を抽出する取り組みが活発に行われており[1)-5)]、後者はロボティクスや機械学習を活用した材料開発プロセスの自律化・可視化・リモート化が行われて

いますⅰ⁾⁻ⁱ⁶⁾。本書内でも、具体的な事例を第4章4.3項、4.4項で紹介します。

　プロセスインフォで材料を合成することができたら、次はその材料を詳細に計測・評価したくなりますよね。ということで次の項目では計測インフォマティクス（計測インフォ）に関して簡単に説明していきます。

(1) A. C. Vaucher et al. Automated extraction of chemical synthesis actions from experimental procedures. Nat. Comm. 11, 3601 (2020)
(2) E. Kim et al. Inorganic Materials Synthesis Planning with Literature-Trained Neural Networks. J. Chem. Inf. Model. 60, 1194-1201 (2020)
(3) E. Kim et al. Machine-learning and codified synthesis parameters of oxide materials. Sci. Data. 4, 170127 (2017)
(4) K. Olga et al. Text-mined dataset of inorganic materials synthesis recipes. Sci. Data 6, 203 (2019)
(5) E. Kim et al. Materials Synthesis Insights from Scientific Literature via Text Extraction and Machine Learning. Chem. Mater. 29, 9436-9444 (2017)
(6) C. W. Coley et al. A robotic platform for flow synthesis of organic compounds informed by AI planning. Science 365, eaax1566 (2019)
(7) B. Burger et al. A mobile robotic chemist. Nature 583, 237-241 (2020)
(8) P. Nikolaev et al. Autonomy in materials research : a case study in carbon nanotube growth. npj Comput. Mater. 2, 16031 (2016)
(9) R. Shimizu et al. Autonomous materials synthesis by machine learning and robotics. APL Materials 8, 111110 (2020)
(10) T. Wakiya et al. Machine-Learning-Assisted Selective Synthesis of a Semiconductive Silver Thiolate Coordination Polymer with Segregated Paths for Holes and Electrons. Angew. Chem. Int. Ed. 60,2-9 (2021)
(11) Y. Kitamura et al. Failure-Experiment-Supported Optimization of Poorly Reproducible Synthetic Conditions for Novel Lanthanide Metal-Organic Frameworks with Two-Dimensional Secondary Building Units. Chem. Eur. J. 10.1002/chem202102404 (2021)
(12) Z. Li et al. Robot-Accelerated Perovskite Investigation and Discovery. Chem. Mater. 32, 5650-5663 (2020)
(13) L. M. Roch et al. ChemOS : Orchestrating autonomous experimentation. Sci. Robot. 3, eaat5559 (2018)
(14) P. M. Attia et al. Closed-loop optimization of fast-charging protocols for batteries with machine learning. Nature 578, 397-402 (2020)
(15) J. M. Granda et al. Controlling an organic synthesis robot with machine learning to search for new reactivity. Nature 559, 377-381 (2018)
(16) R. F. Service. AIs direct search for materials breakthroughs. Science 366, 6471 1295-1296 (2019)

1.4 計測インフォマティクス （計測インフォ）

　プロセスインフォで実際に材料を合成することができたら、次はその材料の物性測定・評価をします。この物性測定・評価をデータ科学の力を借りて効率的に行おうとするのが「計測インフォマティクス」です。例えば、2017年にクライオ電子顕微鏡法（Cryo-EM）[1),2)]の開発者たちがノーベル化学賞を受賞しました。この手法は電子顕微鏡技術と統計的データ処理技術が融合している手法で、一種の計測インフォマティクスといえます。

　特に近年、ハイスループット実験（Lv.1本コラム2参照）が盛んにおこなわれるようになり、人間では処理できないほどの大量の計測データが瞬時に手に入るようになりました。例えば放射光施設では、二次元スペクトルマッピングなどのデータが手軽に取得できるようになり、機械学習の出番がどんどん増えています。限られた時間の中で（例えば放射光施設の利用時間内に）効率的に測定するために、測定するサンプルや位置や測定パラメータをデータ主導で決定したり（自律的計測）[3)-5)]、得られた大量のデータを高速に解析したりすること[6)-12)]が、計測インフォの主な仕事となります。本書では、これらの具体例を第4章4.6項、4.7項に記載しています。

　計測インフォが求められている背景には、上記のような「効率的な計測・解析」だけではなく、「解析結果の客観性」もあります。例えば、スペクトルデータをフィッティングするときのことを考えてみます。スペクトルデータのフィッティングはある種の職人技と言われており、突き詰めると非常に奥が深く難しいです。そのため、フィッティングを行う人によって結果が違うということが多々起こります。人間の事前知識を用いず、データ主導でフィッティングを行った場合の解析結果は、解析する人に依存しないので、客観性の高い解析結果であると言えます（ただし、必ずしも客観的に"正しい"というわけではありません。効率性・高速性ではなく精度が重要な場面では、熟練の職人技に頼ってじっくり解析した方がよいことが多いです）。

　さて、マテインフォ（予測）⇒プロセスインフォ（作る）⇒計測インフォ（測る）を実行すると、様々なデータが得られます。そこで次は、これらのデー

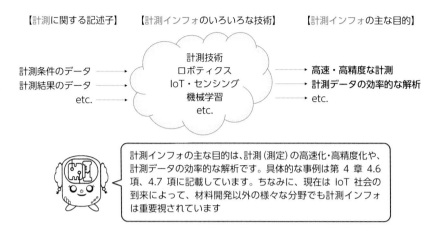

【計測に関する記述子】　【計測インフォのいろいろな技術】　【計測インフォの主な目的】

計測条件のデータ　→　計測技術　→　高速・高精度な計測
計測結果のデータ　→　ロボティクス　→　計測データの効率的な解析
etc.　→　IoT・センシング　→　etc.
機械学習
etc.

計測インフォの主な目的は、計測（測定）の高速化・高精度化や、計測データの効率的な解析です。具体的な事例は第 4 章 4.6 項、4.7 項に記載しています。ちなみに、現在は IoT 社会の到来によって、材料開発以外の様々な分野でも計測インフォは重要視されています

図1.4　計測インフォマティクス（計測インフォ）

タから材料物性・プロセスに関する理解を深める「物理インフォマティクス」の話に移ります。

(1) R. Fernandez-Leiro et al. Unravelling biological macromolecules with cryo-electron microscopy. Nature 537, 339-346（2016）

(2) E. Nogales. The development of cryo-EM into a mainstream structural biology technique. Nat. Methods 13, 24-27（2016）

(3) M. N. Marcus et al. A Kriging-Based Approach to Autonomous Experimentation with Applications to X-Ray Scattering. Sci. Rep. 9, 11809（2019）

(4) A. G. Kusne et al. On-the-fly closed-loop materials discovery via Bayesian active learning. Nat. Comm. 11, 5966（2020）

(5) T. Ueno et al. Automated stopping criterion for spectral measurements with active learning. npj Comput. Mater. 7, 139（2021）

(6) A. Arima et al. Selective detection of single-viruses using solid-state nanopores. Sci. Rep. 8, 16305（2018）

(7) G. Imamura et al. Development of Machine Learning Models for Gas Identification Based on Transfer Functions. Proc. 17th International Meeting on Chemical Sensors, Vienna（2018）

(8) T. Matsumura et al. Spectrum adapted expectation-maximization algorithm for high-throughput peak shift analysis. Sci. Technol. Adv. Mater. 20：1, 733-745（2019）

(9) H. Shinotsuka et al. Development of spectral decomposition based on Bayesian information criterion with estimation of confidence interval. Sci. Technol. Adv. Mater 21：1, 402-419（2020）

(10) M. Shiga et al. Sparse modeling of EELS and EDX spectral imaging data by nonnegative matrix factorization. Ultramicroscopy 170, 43-59 (2016)
(11) A. Baliyan et al. Machine Learning based Analytical Framework for Automatic Hyperspectral Raman Analysis of Lithium-ion Battery Electrodes. Sci. Rep. 9, 18241 (2019)
(12) S. Masubuchi et al. Deep-learning-based image segmentation integrated with optical microscopy for automatically searching for two-dimensional materials. npj 2D Mater. Appl. 4, 3 (2020)

1.5 物理インフォマティクス（物理インフォ）

　マテインフォ・プロセスインフォ・計測インフォでは、たくさんのデータを得ることができます。材料開発に関するたくさんのデータが手に入ったら、そこに隠れている新しい法則（物理）を探求してみたくなりますよね。単純に新規材料・物性を"予測"するのではなく、その材料物性・材料開発プロセスなどのメカニズムを"理解"するためにデータ科学を活用する技術領域は「物理インフォマティクス」と呼ばれています（ただし、物理インフォの守備範囲は非常に広く、材料物性だけでなく、宇宙物理、量子コンピューティング、超ひも理論などへの機械学習の応用も物理インフォと言われていたりします）。最近は分かりやすい日本語の書籍もいくつか出版されており、盛り上がりを見せつつある領域です[1)-3)]。物理インフォにフォーカスして勉強したい方は、これらの書籍をまずは読んでみると良いと思います[1)-3)]。

　物理インフォの領域では、深層学習のようなブラックボックス型の機械学習だけでなく、モデル解釈性の高いホワイトボックス型の機械学習もよく使われます。前書（Lv.1本）の2.11で説明したように、解釈性の高い機械学習モデル（Interpretable machine learningやExplainable AIなどと呼ばれています[4)-8)]）を用いることによって、機械学習モデルの内部を人間が物理・化学・材料学の知見をベースに考察できるようになるため、材料物性やプロセスの"理解"を深めることが可能となります（コラム2も参照）。実際に様々な分野の材料開発ですでに使われています[9)-12)]。

　解釈性の高い機械学習の中で、物理インフォにおいて特に便利だと考えられ

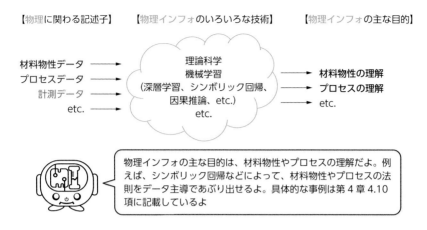

【物理に関わる記述子】　【物理インフォのいろいろな技術】　【物理インフォの主な目的】

材料物性データ →
プロセスデータ →
計測データ →
etc. →

理論科学
機械学習
（深層学習、シンボリック回帰、
因果推論、etc.）
etc.

→ 材料物性の理解
→ プロセスの理解
→ etc.

物理インフォの主な目的は、材料物性やプロセスの理解だよ。例えば、シンボリック回帰などによって、材料物性やプロセスの法則をデータ主導であぶり出せるよ。具体的な事例は第4章4.10項に記載しているよ

図1.5　物理インフォマティクス

ている手法の一つが"シンボリック回帰"です[13)-16)]。この手法は、非線形な現象を"数式モデルで"表現することができるため、データから物性やプロセスを理解するのに非常に強力な機械学習手法です。簡単な説明や具体例を第4章4.10項に記載します。また、因果推論も本分野で期待されている技術の一つです[17)-22)]。Lv.1本の2.13項で説明したように、機械学習から導き出される情報は基本的に"相関関係"です。因果推論技術ではデータから"因果関係"に関する情報（例えば因果グラフなど）を引き出すことができるため、材料データのより深い理解につながります。まだまだこれからの分野ですので材料開発への応用事例は少ないですが、全くないわけではありません[23)]。

　材料物性やプロセスに関する理解を深めることができれば、マテインフォ・プロセスインフォへのより効率的なフィードバックを行うことができます。例えば、材料物性に関する知識が深まれば材料探索空間を再定義したり限定したりすることができますし、プロセスに関する知識が深まればプロセス空間を限定してより高速な材料創製が可能となります。

(1)　田中章詞ほか『ディープラーニングと物理学』講談社（2019）
(2)　橋本幸士ほか『物理学者 機械学習を使う』朝倉書店（2019）
(3)　富谷昭夫『これならわかる機械学習入門』講談社（2021）
(4)　C. Rudin. Stop explaining black box machine learning models for high stakes decisions

and use interpretable models instead. Nat. Mach, Intell. 1, 206-215（2019）
(5) P. Voosen. The AI detectives. Science, 357, 6346 22-27（2017）
(6) A. Adadi et al. Peeking Inside the Black-Box : A Survey on Explainable Artificial Intelligence（XAI）. IEEE Access, 6, 52138-52160（2018）
(7) R. Guidotti et al. A Survey of Methods for Explaining Black Box Models. ACM Comput. Surv. 51, 5（2018）
(8) C. Molnar. Interpretable machine learning. A Guide for Making Black Box Models Explainable. 2019. https://christophm.github.io/interpretable-ml-book/
(9) Y. Iwasaki et al. Identification of advanced spin-driven thermoelectric materials via interpretable machine learning. npj Comput. Mater. 5, 103（2019）
(10) Y. Suzuki et al. Symmetry prediction and knowledge discovery from X-ray diffraction patterns using an interpretable machine learning approach. Sci. Rep. 10, 21790（2020）
(11) J. Jiménez-Luna et al. Drug discovery with explainable artificial intelligence. Nat. Mach. Intell. 2, 573-584（2020）
(12) J. Feng et al. Explainable and trustworthy artificial intelligence for correctable modeling in chemical sciences. Sci. Adv. 6, 42, eabc3204（2020）
(13) M. Schmidt et al. Distilling Free-Form Natural Laws from Experimental Data. Science 324, 5923 81-85（2009）
(14) S-M. Udrescu et al. AI Feynman : A physics-inspired method for symbolic regression. Sci. Adv. 6, 16, eaay2631（2020）
(15) R. K. McRee et al. Symbolic Regression Using Nearest Neighbor Indexing. GECCO'10, 1983-1990（2010）
(16) S. Stijven et al. Separating the wheat from the chaff : on feature selection and feature importance in regression random forests and symbolic regression. GECCO'11, 623-630（2011）
(17) A. Avidit et al. Explaining Causal Findings Without Bias : Detecting and Assessing Direct Effects. Am. Political Sci. Rev. 110（3）, 512-529（2016）
(18) M. Hernan et al. Causal Inference. Chapman & Hall/CRC, Taylor & Francis, 2019
(19) D. B. Rubin et al. Causal Inference for Statistics, Social, and Biomedical Science : An Introduction. Cambridge University Press（2015）
(20) J. Pearl. Causality. Cambridge University Press（2009）
(21) S. Shimizu et al. A Linear Non-Gaussian Acyclic Model for Causal Discovery. J. Mach. Learn. Res. 7, 2003-2030（2006）
(22) S. Shimizu. Non-Gaussian Methods for Causal structure learning. Prev. Sci. 20, 3, 431-441（2019）
(23) P. Campomanes et al. Origin of the Spectral Shifts among the Early Intermediates of the Rhodopsin Photocycle. J. Am. Chem. Soc. 136, 10, 3842-3851（2014）

コラム1

マテリアル DX

　コラム1ではマテリアル DX について簡単に説明します。マテリアル DX は『マテリアルデジタルトランスフォーメーション』と読みます。頭では分かっているのですが、筆者は『マテリアルデラックス』と発音してしまうことがあり恥をかくことが多いのです。皆さんは気を付けてください。

　『マテリアル DX』とは、デジタルテクノロジーなどを積極的に活用して材料開発研究のオペレーティングシステム（OS）を変えていくことです[1)-8)]。人・組織、施設・モノ、資金、情報・データ・ノウハウのあらゆる観点から、あり方やプロセスを再考し、これからの研究開発活動の姿を徐々にではなく一気に変化させる取り組みです。単純にデータ科学を材料開発に導入した技術を指すわけではないため、「マテインフォ」や「プロセスインフォ」などよりももっと広い概念です。

　そのイメージを図にしました（**コラム図1**）。先に説明しましたマテインフォ・プロセスインフォ・計測インフォ・物理インフォを含めたデータ駆動材料開発技術はマテリアル DX の一部となります。マテリアル DX には、

- コミュニケーションの DX 化
- データインフラの DX 化
- 研究機器・設備の DX 化
- 働き方改革
- DX 人材育成

などが含まれます。これら以外にもたくさんあり、詳細は参考文献[1)-8)]を見ていただけたらと思いますが、ここでは上記の5つについて簡単に説明します。

　まずコミュニケーションの DX 化ですが、これは多くの方がすでに経験しているのではないでしょうか。例えば、2019年以降のコロナ禍によって、学会をオンライン（バーチャル）で開催することが増えましたよね。打ち合

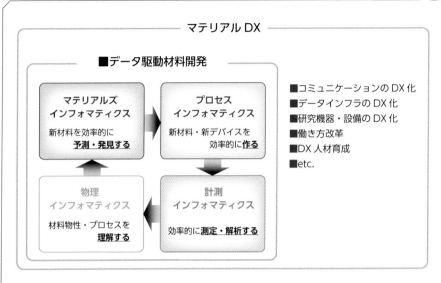

コラム図1　マテリアルDXのイメージ

わせや会議もZoom、teams、Webexなどを活用してオンラインでされることが一般的になってきました。大学の授業もオンライン化されていますね。オンラインコミュニケーションツールの発展によってコミュニケーションのあり方が変わり始めています。もちろんデメリット（気持ちが伝わりにくい、虚しい、など）は指摘されていますが、技術発展によってそのあたりもどんどん解消されていくでしょう。例えば、自分のアバターを作って活動できるバーチャル空間（ClusterやGather.Townなど色々ありますよね）での学会は寂しさが少しだけ紛れる気がします。お酒を飲みながらの聴講も許されますしね（?）。今後もコミュニケーションのDX化はどんどん進んでいくでしょう。

　次にデータインフラのDX化です。MIの最大のボトルネックは材料データ不足ですので、これが最も重要な課題の一つであると言ってもいいかもしれません。データやノウハウをオープンにし、多くの人が共有できる環境が必要とされています。しかし、ただ単に巨大な公共の材料データベースを作る

だけでは、データインフラのDX化（データ共有基盤の整備）にはつながりません。データを提供する側にも手間がかかるので、データを提供することに対するそれ相応のリターン（メリット）が無ければ、誰もデータを提供しようとはしませんよね。特に民間企業の人が公共のデータベースにデータを提供するハードルは非常に高いものがあります。ただ単に巨大なデータベースを作るだけでなく、いろいろな技術を駆使して多くの人がデータを提供したくなる（データを提供することのメリットがある）環境を作ることが非常に大切です。

　次は、研究機器・設備のDX化についてです。実験装置をAI・ロボットによって自動化・知能化・遠隔化します。この部分は先にプロセスインフォで説明したことと結構被ります。研究機器・設備のDX化は大まかに、①個々の装置の自動化・知能化と、②異なる装置間を結び付けた自動化・知能化、の二段階で進歩していくと考えられています。まず①ですが、これは各装置で通常は人間が操作していた作業を、ロボティクスの導入などによって自動化することを意味します。とはいえ、実験装置・設備は人が操作することを前提に作成されていますので、すぐにすべての作業を自動化できるわけではありません。ロボットの活用を前提とした実験装置機器の開発およびそれらの標準化が求められています。ある程度自動化ができましたら、機械学習などのデータ科学を導入して実験の"自律化"が可能となっていきます（第2章2.3.1項や第4章4.4項などを参照）。

　各装置の自動化ができましたら次は②のフェーズに入ります。自動化された各装置を物理的および情報システム的の両方の意味で結び付けて、自動化・知能化の規模を拡大します。情報システム的に各機器を結び付けるのはデータの形態が標準化されていればそんなに大変ではないですが、物理的に各機器を結び付けるのは大変です。最近では、ロボットアームによって各機器を結合したり[9]、ベルトコンベア方式で各機器をつなげたり[10]、自走式ロボットに各機器装置間を移動させたり[11]、と様々な取り組みがなされています。より多くの機器を結び付け、どんどんAI・ロボットで自動化すること

ができる範囲を広げる（Closed-loopの規模を大きくしていく）ことで、研究機器・設備のDX化が進行していくと考えられています。

　バイオ・有機材料の分野に比べ、無機材料分野の研究機器・設備のDX化は比較的難しいと言われています。バイオ・有機材料分野では比較的小さい実験機器（ピペットや試験管や小型分析装置など）でできる実験が比較的多いのに対して、無機材料分野は大型の実験機器（真空装置やX線装置）が無いとお話にならないことが多いですよね。大型装置の自動化およびそれら装置の連結は非常に難易度が高いです。このように各材料分野で進行具合に差が出るにせよ、どの分野でも必ず研究機器・設備のDX化は進んでいくでしょう。

　次は働き方改革です。上記のように実験機器・設備のDX化が進むと、自然とわれわれ人間の働き方（研究の仕方）も変化していきます。今まで実験屋さんは毎日大学・企業のラボに出向いて実験をしていたわけですが、実験機器が遠隔化・自動化されれば、自宅から実験ができるわけです。移動時間をカットできるので効率は向上しますね。また、昔は1〜2日程度であれば寝ずにぶっ通しで実験することも多かったのですが（特に放射光施設での実験など）、実験機器の自動化が進めば、少なくとも夜は寝ることはできるはずです。規則正しい人間らしいサイクルで研究を進めることができるようになり、研究の効率も人生の豊かさも向上するでしょう。

　最後にDX人材育成についてです。物理・化学・材料の知識スキルがあり、かつデジタルテクノロジーの知識スキルもある人材をどんどん育成する必要があります。いわゆるダブルメジャーとかマルチメジャーとかいう人です。最近のマテリアルズ・インフォマティクスのブームのおかげで、『材料開発×機械学習』のスキルを持っている人は非常に増えました。しかしこれだけでは十分ではありません。DX化のためには、データ科学だけではなく、ロボティクス・通信・クラウド・データベース・量子コンピューティング……などなど、様々な知識とスキルが求められます。機械学習やデータ科学だけでなく、様々なデジタルテクノロジーを所持した人材の育成、および

そのような人たちを材料開発分野へ引き込むという努力が必要です。

　この手の話を議論する際に、よく「他分野の技術者同士がコラボレーションすれば十分じゃない？」という声が聞こえます。もちろんコラボレーションは非常に重要ですが、これだけでは十分ではありません。例えば"材料科学を何も知らない機械学習屋さん"と、"機械学習を何も知らない材料屋さん"がコラボレーションしたとしましょう。この2人のコラボレーションだけで革新的なモノやコトを生み出すのは大変です。その理由は、材料科学と機械学習の両方を理解しているからこそ見える景色（アイデア）が結構あるからです。その領域専門のエキスパートはかならず必要ですが、それらを横断的に理解しているジェネラリストも必要ということです（逆にジェネラリストばかりで集まってもあまり意味がないので、このあたりのあんばいは難しいところですね）。

　DX人材育成のために最も重要とされていることの一つが、デジタルネイティブ世代の意見を潰さないことです。今の若い人々は生まれた時からインターネットやSNSが存在し、それらとともに育ちました。人間の脳がもっとも発達する幼少期にデジタルテクノロジーを使っていたのです。これらデジタルネイティブ世代は、今までとは全く異なった新しい発想で研究を進める可能性が高いと言われています。そのため、筆者のようなデジタルネイティブ世代ではないおじさんは、若い人たちが多少トンチンカンなことをやり始めても温かい目で見守ってあげるという広い心を持つことが大事です。

　最後に、一般的なDX化の懸念点として、"二極化"が予想されています。DX化をちゃんと進めた人とそうではない人で、近い将来に非常に大きな格差が生まれてしまうのです。日本の材料開発分野が貧しい方の極にならないよう、我々は頑張らなくてはなりません。

(1) リサーチトランスフォーメーション（RX）ポスト/withコロナ時代、これからの研究開発の姿へ向けて
https://www.jst.go.jp/crds/report/report04/CRDS-FY2020-RR-06.html

(2) 【CRDS】リサーチトランスフォーメーション（RX）
https://www.youtube.com/watch?v=Nz-uti4C4Qk

(3) 材料創製技術を革新するプロセス科学基盤　〜プロセス・インフォマティクス〜
https://www.jst.go.jp/crds/report/CRDS-FY2021-SP-01.html

(4) デジタルトランスフォーメーションに伴う科学技術・イノベーションの変容（—The Beyond Disciplines Collection—）
https://www.jst.go.jp/crds/report/CRDS-FY2020-RR-01.html

(5) 機械学習と科学
https://www.jst.go.jp/crds/report/CRDS-FY2020-WR-13.html

(6) マテリアル革新力強化のための政府戦略に向けて（戦略準備会合取りまとめ）
https://www.meti.go.jp/press/2020/06/20200602002/20200602002-1.pdf

(7) マテリアルDXプラットフォーム構想実現のための取組
https://www.mext.go.jp/content/20201223-mxt_kibanken01-000011734-10.pdf

(8) DX白書2021
https://www.ipa.go.jp/ikc/publish/dx_hakusho.html

(9) R. Shimizu et al. Autonomous materials synthesis by machine learning and robotics. APL Materials 8, 111110 （2020）

(10) 多変量簡易自動測定装置（マテリアルシーケンサー），実験研究者からみたMi^2i
https://www.nims.go.jp/MII-I/event/d53p8f000000a9j0-att/d53p8f000000d3sb.pdf

(11) B. Burger et al. A mobile robotic chemist. Nature 583, 237-241 （2020）

第 **2** 章

よく起こる
シチュエーションと
その解決策

ここでは、マテインフォ、プロセスインフォ、計測インフォ、物理インフォ
を実際に行っている際によく出くわすシチュエーションや落とし穴についてい
くつか紹介し、その解決策を記載します。

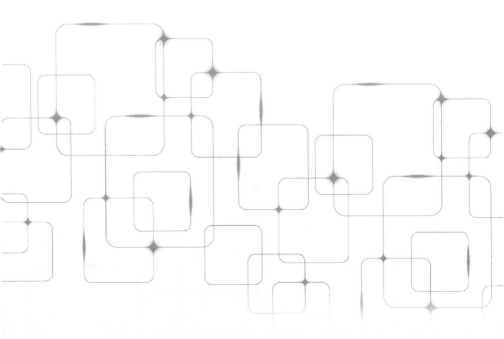

2.1 探索範囲が広い場合は？〜バーチャルスクリーニングとアクティブラーニング〜

　図1.1に書いてあるように、マテインフォの目的は「新材料を効率的に発見・予測する」ことです。これをもう少しちゃんと表現すると「組成や構造などで定義される超広大な材料空間の中から材料特性の良い新材料を発見・予測すること」となります。超広大な材料空間に点在する新材料候補を、全部網羅的に実験で合成したり材料シミュレーションで調べたりして一番いい新材料を見つけることができればそれが一番良いのですが、新材料候補はものすごい数ですので、当然そんなことはできません（**図2.1**）。

　同じようなことがプロセスインフォにも言えます。図1.1に書かれているプロセスインフォの目的「新材料・新デバイスを効率的に作る」をちゃんと表現すると「温度や時間などで定義される超広大なプロセス条件空間の中から材料特性・デバイス特性が良くなるプロセス条件を見つけだし、実際に新材料・新デバイスを作る」です。すべてのプロセス条件を実際に試して新材料・新デバイスを作ることは、時間がかかりすぎて現実的ではありません。計測インフォや物理インフォでも同様です。

　機械学習を用いると、上記のような広大な材料空間・プロセス空間を効率的に探索することができます。その手法は、大きく分けてバーチャルスクリーニング（Virtual screening）とアクティブラーニング（Active learning）の2種類に分けることができます。以下それぞれについて簡単に説明します。

バーチャルスクリーニング

　まずは機械学習によるバーチャルスクリーニング（Virtual screening）の説明です。一言で説明しますと、「学習済み機械学習モデルで、網羅的に全材料の材料特性を予測して一番いいものを見つけること」です。創薬の分野でよく使われる言葉ですが、無機・有機の材料分野でも最近は普通に使われるようになってきました。ただ、MI領域以外の人としゃべるときは「"機械学習による"バーチャルスクリーニング」というように"機械学習による"という言葉

【多次元で広大な材料・プロセス空間】

組成軸
その1

etc.

組成軸
その2

プロセス条件軸
その3

組成軸
その3

プロセス条件軸
その2

プロセス条件軸
その1

構造軸
その1

構造軸
その2

構造軸
その3

材料空間やプロセス空間は多次元なので非常に広大です。そのため、材料実験や材料シミュレーションによって、この空間を全部調べることはできません。機械学習によるバーチャルスクリーニングやアクティブラーニングを用いると、この広大な空間を効率的に調べることができます

図2.1　広大な材料空間、プロセス空間

を付けて表現した方が良いです。ただ単にバーチャルスクリーニングと言いますと、一般的な材料開発領域の人には「第一原理計算などの材料シミュレーション技術を網羅的に回して良い材料を見つけること」と受け止められることが多いからです（以下では"機械学習による"という表現は省略します）。

　簡単に説明するために、例えば**図2.2a**のようなテーブルデータがあったとしましょう。Fe, Co, Ni, Cu, Zn, Gaが含まれた100種類の多元合金のデータでして、それらの組成比（X_{Fe}, X_{Co}, X_{Ni}, X_{Cu}, X_{Zu}, X_{Ga}）、およびそれらを実際に合成して電気抵抗率Yを測定したデータを構造化したテーブルです（構造化に関してはLv.1本の2.19を参照）。本来であれば結晶構造や合成プロセス条件なども入れた方がいいのですが、説明を簡単にするためにここでは省略します。このデータから組成比を説明変数、電気抵抗率を目的変数としてバーチャルスクリーニングを実行し、最も電気抵抗率が大きくなる組成を求める、という問題

(a)【学習用テーブル】

No.	X_{Fe} (%)	X_{Co} (%)	X_{Ni} (%)	X_{Cu} (%)	X_{Zn} (%)	X_{Ga} (%)	Y 電気抵抗率 ($\times10^{-7}\,\Omega\cdot m$)
	説明変数（記述子）						目的変数
1	90	10	0	0	0	0	1.05
2	40	25	0	0	5	20	1.21
3	75	25	0	0	0	0	1.11
4	10	10	50	0	10	20	0.98
5	60	0	0	40	0	0	0.88
⋮	⋮	⋮	⋮	⋮	⋮	⋮	⋮
100	0	0	0	90	5	5	0.55

(b)【予測用テーブル】

No.	X_{Fe} (%)	X_{Co} (%)	X_{Ni} (%)	X_{Cu} (%)	X_{Zn} (%)	X_{Ga} (%)	Y 電気抵抗率 ($\times10^{-7}\,\Omega\cdot m$)
	説明変数（記述子）						目的変数
1	100	0	0	0	0	0	
2	99	1	0	0	0	0	
3	99	0	1	0	0	0	
4	99	0	0	1	0	0	
5	99	0	0	0	1	0	
96,560,646	0	0	0	0	0	100	

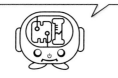

学習済みモデルで片っ端から全部予測して最も良い材料を見つけるのがバーチャルスクリーニングです。ここでは数値データでのバーチャルスクリーニングの例を見せたけど、インプットは数値でも画像でもスペクトルでも同じようにできるよ♪あ、あと、外挿の予測には注意してね！

(c)【予測用テーブル】

学習済み機械学習モデル
$Y=f(X_{Fe}, X_{Co}, X_{Ni}, X_{Cu}, X_{Zn}, X_{Ga})$
を用いて電気抵抗率を網羅的に全部予測する。

No.	X_{Fe} (%)	X_{Co} (%)	X_{Ni} (%)	X_{Cu} (%)	X_{Zn} (%)	X_{Ga} (%)	Y 電気抵抗率 ($\times10^{-7}\,\Omega\cdot m$)
1	100	0	0	0	0	0	1.00
2	99	1	0	0	0	0	1.04
3	99	0	1	0	0	0	1.01
4	99	0	0	1	0	0	0.99
5	99	0	0	0	1	0	1.06
⋮	⋮	⋮	⋮	⋮	⋮	⋮	⋮
96,560,646	0	0	0	0	0	100	1.36

図2.2　Virtual Screeningの大雑把な手順

を考えてみましょう。

　まずは、図2.2bのような予測用テーブルを作ります。ここには、未知の材料の説明変数を網羅的に書きます。今回はFe, Co, Ni, Cu, Zn, Gaの組成が1％ずつ変化した場合に取りうるすべての組成パターンを書きます。全部で1億パターンくらいです。この例からも、多次元の材料空間がいかに広大（候補材料の数が莫大）であり、実験や材料シミュレーションなどで全部を探索するのが難しいかわかると思います。また、今回のように予測テーブルの記述子は自分で作成してもよいですし、公共のデータベースなどから持ってきてもよいです。当然ですが、未知の材料データ（まだ合成したことがない組成）なので、これらに対する電気抵抗率のデータはありません。

　次に、学習用テーブルから教師ありの機械学習モデルを作成します。今回の目的変数（電気抵抗率）は連続値ですので、以下の回帰モデルを作成します。

$$Y_{電気抵抗率} = f(X_{Fe}, X_{Co}, X_{Ni}, X_{Cu}, X_{Zu}, X_{Ga})$$

今回のような簡単な問題では、機械学習モデルは線形回帰でもLASSOでも決定木でもニューラルネットワークでもランダムフォレストでも何でもよいです。お好みのものを使ってください。よくわからなければとりあえず全部試してみて汎化性能の良いやつを選ぶと良いでしょう（問題が難しくなってくると、機械学習を使用する目的「予測or理解or etc.」、データの種類「数値or曲線or画像orグラフor etc.」、データ階層性の有無、データの量や質、などを考慮して使用する機械学習モデルを選ぶ必要がありますが、ここでは説明を省略します。この辺は後ほど説明します）。

　機械学習モデルを作ったら、あとは予測用テーブルにある説明変数データ（組成比データ X_{Fe}, X_{Co}, X_{Ni}, X_{Cu}, X_{Zu}, X_{Ga}）を学習済み機械学習モデルに全部放り込み、すべての組成パターンに対して網羅的に電気抵抗率を予測します（図2.2c）。最後にこの予測用テーブルを電気抵抗率のデータでソートすれば、一番電気抵抗率の大きな組成を見つけることができます。これが機械学習によるバーチャルスクリーニングの一例です。

　図2.2bの予測用テーブルの電気抵抗率を実験や材料シミュレーションで全部埋めることができればそれが一番良いのですが、それは難しいですよね。約1億の組成パターンを全部合成したり材料シミュレーションをしたりするためには寿命がいくらあっても足りません。一方、学習済み機械学習モデルで予測をするのは一瞬で済みます。そのため効率的に良い材料の候補を見つけることができます。

　「バーチャルスクリーニングをすることによって広大な材料空間から特性の良い材料を見つけ出すことができる」のはこれで理解できたかと思います。上記は「バーチャルスクリーニングによって材料の逆問題を解くことができる」と表現することもできます。Lv.1本の1.4にも書いたように、材料の逆問題とは、材料特性・機能の情報から材料組成・構造の情報を帰納的に導くことでしたね。上記の例では、材料の逆問題「最も電気抵抗率（材料特性）の高くなる組成は何ですか？」という問題を解いていることになります。そのため、バーチャルスクリーニングは材料の逆問題を解く手法の一つです。

　ただし、バーチャルスクリーニングでは外挿に注意が必要です。Lv.1 本の2.12でも述べましたが、機械学習モデルによる内挿の予測精度は良い一方、外挿の予測精度は悪いです。バーチャルスクリーニングでは、内挿・外挿関係なしに片っ端から全対象を予測するので、予測対象が内挿なのか外挿なのかは常に注意する必要があります。

　今回説明を簡略化させるために、説明変数が数値のデータである場合を例に説明しましたが、これは単なる一例です。説明変数（インプット）は数値データでも（第3章3.1項）、曲線データでも（第3章3.2項）、画像データでも（第3章3.3項）、グラフデータでも（第3章3.4項）、その他のデータでも（第3章3.5項）同じようにできます。

　バーチャルスクリーニングの実例は非常にたくさんあります[1)-5)]。本書でも第4章4.8項に記載いたします。

(1) V. Stanev et al. Machine learning modeling of superconducting critical temperature. npj Comput. Mater. 4, 29（2018）

(2) M. C. Sorkun et al. An artificial intelligence-aided virtual screening recipe for two-dimensional materials discovery. npj Comput. Mater. 6, 106（2020）

(3) B. Meredig et al. Combinatorial screening for new materials in unconstrained composition space with machine learning. Phys. Rev. B 89, 094104（2014）

(4) M. W. Gaultois et al. Perspective : Web-based machine learning models for real-time screening of thermoelectric materials properties. APL Materials 4, 053213（2016）

(5) Y. Tsunooka et al. High-speed prediction of computational fluid dynamics simulation in crystal growth. CrystEngComm. 20, 6546-6550（2018）

アクティブラーニング

　アクティブラーニング（Active learning）を一言で説明しますと、「モデル学習と"何らかの実行"を交互に繰り返し、"良いもの"を見つけること」です。材料開発者（MI屋さん）がアクティブラーニングという言葉を使うときは、上記の"良いもの"とは、良い材料組成・構造や良いプロセス条件などを意味し、"何らかの実行"は実際に材料を合成して特性を評価したり材料シミュレーションを回したりすることを意味します。一方、一般的なデータ屋さんがアクティブラーニングという言葉を使うときは、上記の"良いもの"とは

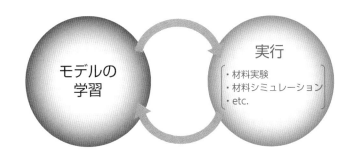

MIにおけるアクティブラーニングとは、「モデル学習と実行（材料合成・評価や材料シミュレーション）を交互に繰り返し、良い材料・プロセス条件などを見つけること」です。ベイズ最適化がよく使われているよ。ちなみにですが、MI屋さんとデータ屋さんとでアクティブラーニングの意味が違うことがあるので注意してね

図2.3　MIにおけるアクティブラーニングのイメージ

良い学習モデルを意味し、"何らかの実行"は学習データのラベル付け（アノテーション）の意味で使われることが多いです。また、小学校などの教育現場では、子供たちが能動的・主体的・対話的に授業に参加することをアクティブラーニングと言ったりします。このように、人によってアクティブラーニングという言葉の意味は違うことがありますので注意してください。

　ここではMI屋さんが言うアクティブラーニングの説明をします。上記の繰り返しになりますが、MI屋さんが言うアクティブラーニングとは「モデル学習と実行（材料合成・評価や材料シミュレーションなど）を交互に繰り返し、良い材料組成・構造や良いプロセス条件を見つけること」です。MIにおけるアクティブラーニングで最もよく用いられる手法の一つがベイズ最適化です。ベイズ最適化はすでにLv.1本（3.7やコラム4）で説明しましたね。Gaussian Processと呼ばれる機械学習によって『活用』と『探索』のトレードオフから次の対象を決める方法です。

　Lv.1本を読んでいる方にとってはあまり説明の必要がないかもしれませんが、先ほど2.1.1のバーチャルスクリーニングのところで述べた例（多元合金

の電気抵抗率の最大化）で、ベイズ最適化によるアクティブラーニングの流れ
を説明したいと思います（以下で述べるやり方は、あくまで一例です）。

　まず、バーチャルスクリーニングの際と同様に、学習用テーブルと予測用
テーブルを準備します。ただし今回は予測テーブルに獲得関数の列が加わって
います（**図2.4**a、b）。Lv.1本でも説明しましたが、獲得関数は次のターゲット
を決める指標でして、Gaussian Processモデルから導出される予測値（期待値
μ）と予測値の誤差（分散σ）などから求められます。獲得関数の種類として
は、PI（Probability of Improvement）やEI（Expected Improvement）など
様々ありますが、今回はイメージの湧きやすいUCB（Upper Confidence
Bound）で計算したとします（目的変数を最大化したい場合はUCBですが、
最小化したい場合はLower Confidence Bound（LCB）です）。「活用」と「探
索」を調整するパラメータを定数kとして以下のようにあらわされます。

$$A_{UCB} = \mu + k\sigma$$

　このUCB値が大きいところを次の測定点として定めることがベイズ最適化
です（もし上記でイメージがつきにくい場合はLv.1本3.7あたりを見ていただ
ければと思います）。

　学習用テーブルと予測用テーブルが準備できたら、学習用テーブルデータを
用いてGaussian Processモデルを構築します。

$$Y_{電気抵抗率} = f(X_{Fe}, X_{Co}, X_{Ni}, X_{Cu}, X_{Zu}, X_{Ga})$$

上にも書きましたが、Gaussian Processモデルでは、予測値（期待値μ）と予
測値の誤差（分散σ）を計算することができますので、これらを使って予測用
テーブルにある材料すべてに対してUCBを計算します（図2.4cの赤）。そし
て、（この中で最も大きなUCBの値を持つ材料を特定し、その材料を実際に合成
し電気抵抗率を測定します（図2.4c青）。今仮に、UCBから$Fe_{61}Co_9Ni_5Cu_{11}Zn_4Ga_{10}$
が候補として選ばれ、この合金を実際に合成して電気抵抗率を評価したら2.77
$\times 10^7 \Omega \cdot m$だったとしましょう。

　さて、ここまできたらあとは同じことの繰り返しです。学習用テーブルと先
ほど合成・評価した材料データを用いて再度Gaussian Processモデルを作成

(a)【学習用テーブル】

No.	X_{Fe} (%)	X_{Co} (%)	X_{Ni} (%)	X_{Cu} (%)	X_{Zn} (%)	X_{Ga} (%)	Y 電気抵抗率 (×10⁻⁷ Ω·m)
1	90	10	0	0	0	0	1.05
2	40	25	0	0	5	20	1.21
3	75	25	0	0	0	0	1.11
4	10	10	50	0	10	20	0.98
5	60	0	0	40	0	0	0.88
⋮	⋮	⋮	⋮	⋮	⋮	⋮	⋮
100	0	0	0	90	5	5	0.55

説明変数（記述子） / 目的変数

(b)【予測用テーブル】

No.	X_{Fe} (%)	X_{Co} (%)	X_{Ni} (%)	X_{Cu} (%)	X_{Zn} (%)	X_{Ga} (%)	Y 電気抵抗率 (×10⁻⁷ Ω·m)	UCB
1	100	0	0	0	0	0		
2	99	1	0	0	0	0		
3	99	0	1	0	0	0		
4	99	0	0	1	0	0		
5	99	0	0	0	1	0		
⋮	⋮	⋮	⋮	⋮	⋮	⋮	⋮	
96,560,646	0	0	0	0	0	100		

説明変数（記述子） / 目的変数 / 獲得関数

① 学習テーブル（合計 100 材料）から構築した Gaussian Process モデル $Y=f\,(X_{Fe},\,X_{Co},\,X_{Ni},\,X_{Cu},\,X_{Zn},\,X_{Ga})$ を用いて獲得関数 (ex. UCB) を網羅的に全部算出する

② 算出した UCB が最も大きい材料 ($Fe_{61}Co_9Ni_5Cu_{11}Zn_4Ga_{10}$) を実際に合成し、電気抵抗率を計測する

(c)【予測用テーブル】

No.	X_{Fe} (%)	X_{Co} (%)	X_{Ni} (%)	X_{Cu} (%)	X_{Zn} (%)	X_{Ga} (%)	Y 電気抵抗率 (×10⁻⁷ Ω·m)	UCB
1	100	0	0	0	0	0		2.11
2	99	1	0	0	0	0		2.33
3	99	0	1	0	0	0		2.25
4	99	0	0	1	0	0		2.01
5	99	0	0	0	1	0		1.97
⋮	⋮	⋮	⋮	⋮	⋮	⋮	⋮	⋮
21,445,909	61	9	5	11	4	10	2.77	4.59
96,560,646	0	0	0	0	0	100		1.89

説明変数（記述子） / 目的変数 / 獲得関数

③ 学習テーブルと先ほど追加合成した材料のデータ（合計 101 材料）から構築した Gaussian Process モデル $Y=f\,(X_{Fe},\,X_{Co},\,X_{Ni},\,X_{Cu},\,X_{Zn},\,X_{Ga})$ を用いて獲得関数 (ex. UCB) を網羅的に全部再計算する

④ 算出した UCB が最も大きい材料 ($Fe_8Co_{31}Ni_5Cu_{13}Zn_{29}Ga_{14}$) を実際に合成し、電気抵抗率を計測する

　　：　以下繰り返し

(d)【予測用テーブル】

No.	X_{Fe} (%)	X_{Co} (%)	X_{Ni} (%)	X_{Cu} (%)	X_{Zn} (%)	X_{Ga} (%)	Y 電気抵抗率 (×10⁻⁷ Ω·m)	UCB
1	100	0	0	0	0	0		2.13
2	99	1	0	0	0	0		2.34
3	99	0	1	0	0	0		2.26
4	99	0	0	1	0	0		2.03
5	99	0	0	0	1	0		1.99
⋮	⋮	⋮	⋮	⋮	⋮	⋮	⋮	⋮
21,445,909	61	9	5	11	4	10	2.77	2.8
88,126,001	8	31	5	13	29	14	4.88	5.52
96,560,646	0	0	0	0	0	100		1.99

説明変数（記述子） / 目的変数 / 獲得関数

上記はベイズ最適化によるアクティブラーニングの例です。Gaussian Process モデルの学習と材料合成・評価を交互に繰り返すことで、少しずつ学習データを増やし、良いモデルを作りながら探索を進めます。具体的事例は第 4 章 4.1 項、4.2 項、4.4 項に記載しています

図2.4　アクティブラーニングの大雑把な手順

します。最初は100材料の学習データでしたが、今度は一つ増えて101材料の学習データですので、最初に構築したGausiann Processとは異なったモデルが構築されます（学習データが増えているので、普通は前よりも少し良いモデルとなります）。そうしたらこのモデルを用いて再度UCBを全部計算しなおし、次に合成すべき材料を選定します。図2.4dでは、UCBから次に合成すべき材料として$Fe_8Co_{31}Ni_5Cu_{13}Zn_{29}Ga_{14}$が選定され、実際に合成したら電気抵抗率が$4.88 \times 10^{-7}$ Ω・mだったようですね。

以後、これの繰り返しです。繰り返しを重ねるほど、学習データが増えていき少しずつ良いGaussian Processモデルとなります。こうすることで逐次的に広大な材料空間を探索するのがアクティブラーニングです。

上記では、超簡単な例でベイズ最適化によるアクティブラーニングの話をしました。実際にはいろいろな工夫をすることでより効率的に探索することができます。例えば、上記ではUCBを予測用テーブルの全材料（約一億材料）に対して計算していますが、普通のPCで一億材料全部に対してUCBを計算するにはまぁまぁ時間がかかりますので、モンテカルロ的なアプローチでその時間を節約したり、15次元以上の単純なベイズ最適化はうまくいかないことが多いので次元削減を事前に施したりします。この辺のテクニックは"ベイズ最適化"とWebで検索すると山のように出てきますので、気になった方は勉強がてら検索してみると良いかもしれません。

アクティブラーニングでは外挿領域にあるデータに対して実際に実行（実験による合成・評価や材料シミュレーションを実行）し、外挿領域の学習データを増やしながら探索を進めます。そのため、バーチャルスクリーニングよりも手間と時間がかかってしまいますが、外挿領域の予測に関してはバーチャルスクリーニングよりも信頼度が高いです。

材料開発におけるアクティブラーニングの事例は山ほどあります[1]-[12]。ここで載せた参考文献をサラッと見ると分かりますが、ほとんどベイズ最適化が使われています。別に必ずしもベイズ最適化でやる必要はなく、他のやり方もたくさんあるのですが、初学者の方はまずは周りを真似てベイズ最適化をトライするのが良いと思います。本書でも具体事例は第4章4.1項、4.2項、4.4項に記載します。

(1) I. Ohkubo et al. Realization of closed-loop optimization of epitaxial titanium nitride thin-film growth via machine learning. Mater. Today Phys. 16, 100296（2021）
(2) K. Osada et al. Adaptive Bayesian optimization for epitaxial growth of Si thin films under various constraints. Mater. Today Commun. 25, 101538（2020）
(3) Y. Iwasaki et al. Machine learning autonomous identification of magnetic alloys beyond the Slater-Pauling limit. Commun. Mater. In press.
(4) R. Sawada et al. Boosting material modeling using game tree search. Phys. Rev. Materials 2, 103802（2018）
(5) T. Yamashita et al. Crystal structure prediction accelerated by Bayesian optimization. Phys. Rev. Materials 2, 013803（2018）
(6) R. Shimizu et al. Autonomous materials synthesis by machine learning and robotics. APL Materials 8, 111110（2020）
(7) B. Burger et al. A mobile robotic chemist. Nature 583, 237-241（2020）
(8) A. G. Kusne et al. On-the-fly closed-loop materials discovery via Bayesian active learning. Nat. Comm. 11, 5966（2020）
(9) A. Seko et al. Prediction of Low-Thermal-Conductivity Compounds with First-Principles Anharmonic Lattice-Dynamics Calculations and Bayesian Optimization. Phys. Rev. Lett. 115, 205901（2015）
(10) T. Ueno et al. Adaptive design of an X-ray magnetic circular dichroism spectroscopy experiment with Gaussian process modelling. npj Comput. Mater. 4, 4（2018）
(11) Y. K. Wakabayashi et al. Improved adaptive sampling method utilizing Gaussian process regression for prediction of spectral peak structures. App Phys. 124, 113902（2018）
(12) T. Ueno et al. Automated stopping criterion for spectral measurements with active learning. npj Comput. Mater. 7, 139（2021）

2.2 目的変数が複数ある場合は？ 〜多目的最適化〜

　人間は様々な目的を統合的に考えて実際に起こすアクションを瞬時に決定しています。例えば平日の朝起きた時に、①眠りたい、②お酒を飲みたい、③仕事しなきゃ、④TV見たい、という4つの感情（目的）があったとしましょう。これらの目的の中にはトレードオフが存在しますので、4つ全ての目的を完全に満たす行動を起こすことはできません。そのため、この4つの目的をなるべく満たすようにすると、例えば筆者であれば「有休をとってソファーでゴロゴロしつつTV見ながらお酒を飲む」という行動を選択します。こうすれば、目的③は未達（妥協せざるをえない）ですが目的①②④はある程度達成できますので良い選択の一つと言えます。このように複数の目的を考慮してそれ

らをなるべく満たす適切な行動を選択することは、人間が生きていくうえで非常に大切です。

　上記のような状態は材料開発でもよく起こります。例えば「電気抵抗率が高く、かつ熱伝導率も高い材料を開発したい」だったり、「熱伝導率が高く、かつ製造コストは安い材料を開発したい」だったり、と目的が複数ある場合です。「目的変数が2つ以上ある場合」、と表現した方が理解しやすいかもしれません。目的変数が2つ以上ある場合の問題は多目的最適化と呼ばれていまして、データ科学の観点からアプローチすることができます。

　多目的最適化の解き方ですが、ざっくり分けると、①独自の目的変数を定義してアプローチする、②パレート解からアプローチする、の2パターンがあります。それぞれ簡単に説明します。

独自の目的変数を定義してアプローチする

　簡単のために目的変数は電気抵抗率と熱伝導率の2種類（$Y_{電気抵抗率}$、$Y_{熱伝導率}$）のみで、これらの両方が大きな材料を見つけるという問題を考えましょう（※本来であれば両方とも抵抗率or伝導率で揃えたほうがいいかもしれないのですが、後々の説明がしにくくなるので、電気抵抗率と熱伝導率で話を進めさせてください）。この多目的問題へのアプローチとして最も単純で簡単なのが、独自の目的変数を定義して解くことです。例えば$Y_{電気抵抗率}$と$Y_{熱伝導率}$の積

$$Y_{電気抵抗率}\ Y_{熱伝導率}$$

を独自の目的変数として問題を解いたり（**図2.5**）、またはそれらの線形和

$$Y_{電気抵抗率} + a Y_{熱伝導率}$$

を独自の目的変数として問題を解いたりします。上記のaは$Y_{電気抵抗率}$と$Y_{熱伝導率}$のどちらに重きを置いて探索するかを示すパラメータです。もちろん、上記以外の独自の目的変数を材料探索に関する事前知識から作っても構いません。要は複数の目的変数を無理やり1つの目的変数に変換して解くのです。目的変数が一つであれば先に説明したバーチャルスクリーニングやアクティブラーニン

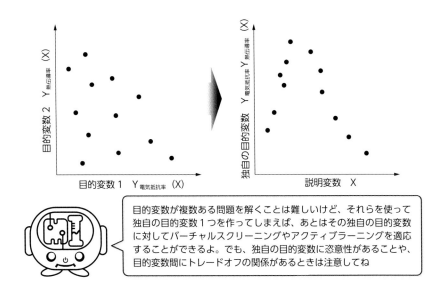

図2.5 独自の目的変数を定義して解く多目的最適化

グのアプローチがそのまま使えますね。

　ただし、このアプローチでは気を付けなければならないことがいくつかあります。まずは、新たに作る独自の目的変数の恣意性です。実際に行いたいことに即した独自の目的変数を事前知識からドンピシャで作ることができるのであれば特に問題はありませんが、なかなかそのようにはいかないことが多いです。例えば独自の目的変数を線形和で表した場合のパラメータaは、基本的に人間がエイヤッと決めなければなりません（実はこのaをデータから導く手法もあるのですが、超入門書の域を出るので省略）。人間が主観的に決めてしまうので、理想的なモデル構築（探索）にはならないことがあります。また、複数の目的変数間にトレードオフがある場合にも注意が必要です。複数の目的変数を無理やり1つの目的変数に変換して解くわけですので、ゴールを一点だけに定めることになります。そのため、トレードオフの関係にある目的変数空間の中で良いものをまんべんなく調べることはできません。多次元な目的変数空間の中でよさそうなものをまんべんなく調べたいのであれば、次に説明する『パレート解』によるアプローチをとった方が良いです。

パレート解からアプローチする

　次にパレート解からアプローチする方法について説明します。まず、「パレート解」ですが、これは「多目的最適化問題において理想的な解にできるだけ近く、目的変数同士のバランスが異なる解の集団」です。言葉だけだと意味が分からないと思いますので、図で説明します。再度、目的変数が電気抵抗率と熱伝導率の2種類（$Y_{電気抵抗率}$、$Y_{熱伝導率}$）であって、これらの両方が大きな材料を見つけるという問題を考えましょう。**図2.6**には、2つの目的変数の軸（$Y_{電気抵抗率}$と$Y_{熱伝導率}$）に対していくつかの材料データがプロットされています。この中で、赤い矢印で示されている材料データが「パレート解」と呼ばれるものです。今、図2.6のグラフの右上に行くほど良い材料である（$Y_{電気抵抗率}$と$Y_{熱伝導率}$の両方ともを大きくしたい）という問題を考えているので、パレート解が良い材料の候補群であることが分かります。通常はこの図のようにパレート解は複数存在しますので、それらを含めて集合として「パレートフロンティア」と呼ぶこともあります。また、図の青色で示した領域の面積（体積）は「パレート超体積」と呼ばれています。これらパレート解やパレート超体積を求めるパッケージはRやPythonにはたくさんありますので、求めるだけであればそれほど難しくはありません。

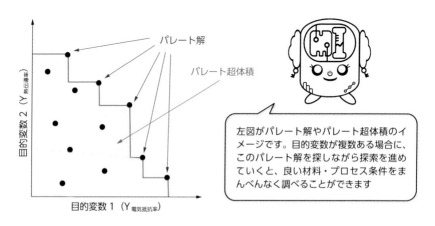

図2.6　パレート最適化のイメージ

　パレート解を用いてバーチャルスクリーニングを行う場合を考えてみましょう。今回は目的変数が$Y_{電気抵抗率}$だけではなく$Y_{熱伝導率}$も加えた2つです。そのため学習用テーブルには2つの目的変数の列があります（**図2.7**a）。まず、このデータから電気抵抗率、熱伝導率それぞれについて回帰モデルを構築します。

$$Y_{電気抵抗率} = f(X_{Fe}, X_{Co}, X_{Ni}, X_{Cu}, X_{Zu}, X_{Ga})$$
$$Y_{熱伝導率} = f(X_{Fe}, X_{Co}, X_{Ni}, X_{Cu}, X_{Zu}, X_{Ga})$$

(a)【学習用テーブル】

	説明変数（記述子）						目的変数	
No.	X_{Fe} (%)	X_{Co} (%)	X_{Ni} (%)	X_{Cu} (%)	X_{Zn} (%)	X_{Ga} (%)	$Y_{電気抵抗率}$ ($\times 10^{-7}\Omega \cdot m$)	$Y_{熱伝導率}$ (W/m K)
1	90	10	0	0	0	0	1.05	95
2	40	25	0	0	5	20	1.21	61
3	75	25	0	0	0	0	1.11	89
4	10	10	50	0	10	20	0.98	51
5	60	0	0	40	0	0	0.88	175
⋮	⋮	⋮	⋮	⋮	⋮	⋮	⋮	⋮
100	0	0	0	90	5	5	0.55	209

学習済み機械学習モデル　$Y_{電気抵抗率} = f(X_{Fe}, X_{Co}, X_{Ni}, X_{Cu}, X_{Zn}, X_{Ga})$　と　$Y_{熱伝導率} = f(X_{Fe}, X_{Co}, X_{Ni}, X_{Cu}, X_{Zn}, X_{Ga})$　を用いて電気抵抗率と熱伝導率を網羅的に全部予測する。

(b)【予測用テーブル】

	説明変数（記述子）						目的変数	
No.	X_{Fe} (%)	X_{Co} (%)	X_{Ni} (%)	X_{Cu} (%)	X_{Zn} (%)	X_{Ga} (%)	$Y_{電気抵抗率}$ ($\times 10^{-7}\Omega \cdot m$)	$Y_{熱伝導率}$ (W/m K)
1	100	0	0	0	0	0	1.00	80
2	99	1	0	0	0	0	1.04	82
3	99	0	1	0	0	0	1.01	81
4	99	0	0	1	0	0	0.99	85
5	99	0	0	0	1	0	1.06	83
⋮	⋮	⋮	⋮	⋮	⋮	⋮	⋮	⋮
96,560,646	0	0	0	0	0	100	1.36	35

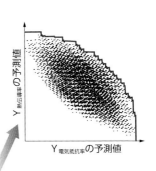

このデータの
パレート解を
探す

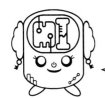

目的変数が複数ある場合のパレート解によるバーチャルスクリーニングでは、それぞれの目的変数ごとに機械学習モデルを構築し、それらを用いて全条件網羅的に予測した値に対してパレート解を探します。上記の例では電気抵抗率も熱伝導率も両方大きなものの候補をいくつか見つけることができます

図2.7　パレート解を用いたバーチャルスクリーニング

そして、これら2つのモデルを使って予測用テーブルの電気抵抗率、熱伝導率を網羅的に予測します（図2.7b）。そうしたら、これら2つの予測値に対して先ほどのパレート解を探すことによって、電気抵抗率および熱伝導率の両方が大きな材料の候補（パレートフロンティアの材料）を複数抽出することができます（図2.7c）。これがパレート解を用いたバーチャルスクリーニングの一例です。実際には他にもやり方はいろいろあるのですが、ざっとこんな感じのイメージです。

　次にパレート解を用いたアクティブラーニングを行う場合を考えてみましょう（これもやり方はたくさんあるので、以下はイメージをつかむための一例にすぎません）。先ほどと同じように目的変数が$Y_{電気抵抗率}$と$Y_{熱伝導率}$の2つある場合を考えます（**図2.8**a）。まずは、$Y_{電気抵抗率}$と$Y_{熱伝導率}$のそれぞれについてGaussian Processモデルを構築します。次に、このモデルから予測用テーブルのUCB値を$Y_{電気抵抗率}$と$Y_{熱伝導率}$のそれぞれについて網羅的に算出します（図2.8bの獲得関数の2列）。さらに、これらUCBの値からパレート超体積を計算します（図2.8bのパレート超体積の列）。ここでは、100個の学習データと予測データそれぞれ1つを加えた計101個のデータのパレート超体積を算出します。文章だと伝わりにくいので図で説明します。図2.8cのグラフの黒色で示されているデータは、学習用テーブルにある材料100データの$Y_{電気抵抗率}$と$Y_{熱伝導率}$をプロットしたものです。この学習データのパレートフロンティアおよびパレート超体積は青色の線および面積で示されています。ここに予測用テーブルに書き込まれた各UCBの値をプロットしてパレート超体積がどうなるかを計算します。例えば予測用テーブルのNo.87,847,981の$Fe_{10}Co_{10}Ni_{20}Cu_{40}Zn_{10}Ga_{10}$の予測されたUCB値（$Y_{電気抵抗率}$のUCBが3.51, $Y_{熱伝導率}$のUCBが102）をグラフにプロットします（図2.8cの赤い点）。その状態で黒い点100個（学習データ）と赤い点1個（$Fe_{10}Co_{10}Ni_{20}Cu_{40}Zn_{10}Ga_{10}$のUCB）の合計101個のデータのパレート超体積を計算しますと、798.13となります。この値は、学習データ100個のみのパレート超体積631.22よりも大きいですね。グラフで言うと赤い面積分、パレート超体積が大きくなっています。$Fe_{10}Co_{10}Ni_{20}Cu_{40}Zn_{10}Ga_{10}$はパレートフロンティアを押し広げる可能性があるデータであると言えることがわかると思います。一方、例えばNo.3の$Fe_{99}Ni_1$のUCBデータをプロットしてみます

(a)【学習用テーブル】

No.	X_{Fe} (%)	X_{Co} (%)	X_{Ni} (%)	X_{Cu} (%)	X_{Zn} (%)	X_{Ga} (%)	$Y_{電気抵抗率}$ ($\times 10^{-7}\Omega\cdot m$)	$Y_{熱伝導率}$ (W/mK)
	説明変数（記述子）						目的変数	
1	90	10	0	0	0	0	1.05	95
2	40	25	0	0	5	20	1.21	61
3	75	25	0	0	0	0	1.11	89
4	10	10	50	0	10	20	0.98	51
5	60	0	0	40	0	0	0.88	175
⋮	⋮	⋮	⋮	⋮	⋮	⋮	⋮	⋮
100	0	0	0	90	5	5	0.55	209

(b)【予測用テーブル】

No.	X_{Fe} (%)	X_{Co} (%)	X_{Ni} (%)	X_{Cu} (%)	X_{Zn} (%)	X_{Ga} (%)	$Y_{電気抵抗率}$ ($\times 10^{-7}\Omega\cdot m$)	$Y_{熱伝導率}$ (W/mK)	$Y_{電気抵抗率}$ のUCB	$Y_{熱伝導率}$ のUCB	UCBによる パレート超体積
	説明変数（記述子）						目的変数		獲得関数		パレート超体積
1	100	0	0	0	0	0			2.11	80	631.22
2	99	1	0	0	0	0			2.33	82	631.22
3	99	0	1	0	0	0			2.25	81	631.22
4	99	0	0	1	0	0			2.01	85	631.22
5	99	0	0	0	1	0			1.97	83	631.22
⋮	⋮	⋮	⋮	⋮	⋮	⋮	⋮	⋮	⋮	⋮	⋮
87,847,981	10	10	20	40	10	10	次はここを計測		3.51	102	798.13
⋮	⋮	⋮	⋮	⋮	⋮	⋮			⋮	⋮	⋮
96,560,646	0	0	0	0	0	100			1.89	35	631.22

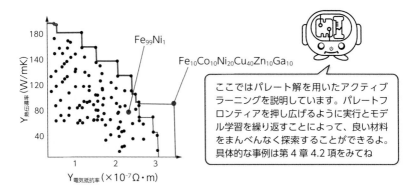

図2.8　パレート解を用いたアクティブラーニング

と図2.8cの青い点となります。図を見れば明らかですが、このデータはパレートフロンティアの内側に入っているので、このデータを観測してもパレートフロンティアを押し広げることはなさそうです。実際にこのデータを加えた際のパレート超体積を計算してみますと631.22であり、学習データのみで計算した

場合と変わりませんね。このように、UCBから算出したパレート超体積が大きい材料を次の測定点として定めることによって、パレートフロンティアを押し広げる可能性の高い材料を優先的に測定していくことができます。これがパレート解を用いたアクティブラーニングの一例です（ほかにもやり方はたくさんありますのであくまで一例です）。多目的最適化の機械学習パッケージはたくさんありますので、「多目的最適化」や「Multi-objective optimization」でネットで検索して、気に入ったものを使いましょう。

　具体的な事例は第4章4.2項に記載しています。

2.3　学習データが少ない場合は？
〜効率的データ蓄積と少数データ解析〜

　マテリアルズ・インフォマティクスをやるうえでの最大のボトルネックはデータ不足です。材料開発においては、機械学習で解析するのに十分なデータがそろっていることは非常に稀です。普通は、データが少ない状態からマテリアルズ・インフォマティクスを始めなくてはなりません。その場合のアプローチとしては大きく分けて、①効率的に材料データを収集・蓄積を進める、②少ないデータをデータ科学の力で何とかする、の2パターンに分かれます。後に述べますが、①ではハイスループット実験、ハイスループットシミュレーション、ロボティクスなどを用いたアクティブラーニング、などを駆使して材料データを効率的に蓄積します。一方、②ではスパースモデリングや転移学習などを用いて、少ないデータからもなんとか情報を抽出しようとするアプローチです。以後、それぞれについて簡単に説明します。

効率的データ蓄積

　データが少ない場合、まず考えなければならないことはデータを増やすことです。そもそもデータに無い情報は、いくら頑張ってデータ科学を用いて解析しても得られませんからね。データはたくさんあるに越したことはありません。ただし、機械学習などのデータ科学は「Garbage in, garbage out」です。

この言葉は材料シミュレーションの分野でもよく使われますよね。ゴミデータをインプットしてもゴミデータしかアウトプットしてくれません、という意味です。そのため、収集・蓄積するデータは、量だけでなく質も重要となります。

　材料データを収集・蓄積する方法は大きく分けて、①材料実験、②材料シミュレーション、③公共のデータベース、の3パターンあります。それらを簡単に表にまとめてみました（**図2.9**）。まず材料実験ですが、データ収集の難易度は高いです。材料を実際に合成し特性を計測・評価しなければなりませんので、非常に時間がかかります。しかしその分、材料実験で蓄積したデータの価値は高く、他者との差別化要因になります。材料実験のデータをたくさん持っている人は、他者には真似できないマテリアルズ・インフォマティクスを展開することができます。

　第一原理計算などの材料シミュレーションでデータを蓄積する場合、一般的に材料実験よりは時間がかかりません（シミュレーションの種類にもよりますが）。実験装置（合成装置や計測装置）にトラブルが起こり、実験が止まってしまう頻度よりも、計算サーバにトラブルが発生し計算が止まってしまう頻度の方が低いためです。さらに、材料実験は寝ずに昼夜ぶっ通しで続けることは基本的にできませんが、材料シミュレーションはずーっと回しっぱなしにすることができます。そのため、材料シミュレーションでのデータ蓄積の難易度は材料実験よりも一般的には低いと言えます。差別化に関しては、その材料シミュレーションが他者にも簡単にできてしまう場合は、他者との差別化にはあまりなりませんが、自分にしかできない材料シミュレーションでデータを蓄積した場合は他者との強力な差別化になりますね。

　公共のデータベースからデータを取得するのは最もお手軽にできます。Lv.1本のコラム5にいくつかの材料の公共のデータベースを紹介しています（これ以外にもたくさんあります）。非常にお手軽にデータを入手できる反面、誰でもそのデータを入手できるため他者との差別化要因にはなりません。

　さて、ここでは公共のデータベースに関しては置いておいて、材料実験および材料シミュレーションで効率的に材料データを蓄積する技術の話を簡単にします。**図2.10**は、それらを簡単にまとめた表です。材料実験（リアル空間で

	データ取集の難易度	他者との差別化
材料実験	✕	◯
材料シミュレーション	△	△
公共のデータベース	◯	✕

材料データの取得方法は、①材料実験、②材料シミュレーション、③公共のデータベース、の３つに分けられます。「データ収集の難易度」と「他者との差別化」に関して見ると、そこにトレードオフがあることが分かります

図2.9　データ蓄積手法の難易度と価値（他者との差別化）

のデータ蓄積技術）と材料シミュレーション（バーチャル空間でのデータ蓄積技術）に分けて描かれています。最も単純なデータ蓄積手法は【従来手法】の列に書かれています。一つ一つの対象材料に対して材料実験・材料シミュレーションを適用していくやり方です。人間が一つ一つ丁寧に実験したり計算パラメータを設定したりするのでデータの質は良いのですが、対象材料の数が膨大な場合には時間がかかってしまいます。より効率的なデータ蓄積技術として【自動的手法】があります。自動的な材料実験とは、ハイスループット実験技術やコンビナトリアル実験技術（Lv.1本のコラム２）のことです[1)-5)]。人間が決めたルールや順序に従いたくさんの材料を自動で合成し、その材料特性も自動で評価します。一方、自動的な材料シミュレーションとはハイスループット計算技術のことを指します（Lv.1本のコラム３）[6)-10)]。人間が定めた（リストアップした）対象材料に対して網羅的に自動で材料シミュレーションを実行していきます。

　さらに効率的なデータ蓄積技術として、近年は【自律的手法】が開発されています。自動的手法では、実験・計算をする対象材料を人間がリストアップしていたのに対し、自律的手法では、アクティブラーニングによってコンピュータが対象材料を決定します。実験による自律的手法としては、例えばロボティクスとベイズ最適化を組み合わせたシステムが開発されています[11)-19)]。ベイズ最適化で次に作成する材料の候補やプロセス条件を決め、それに従って自動的

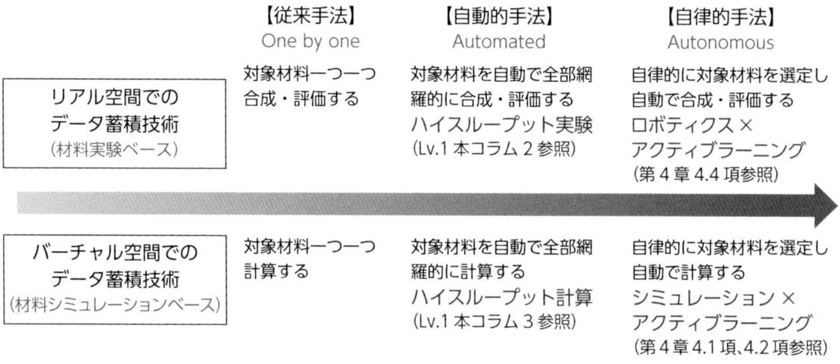

	【従来手法】 One by one	【自動的手法】 Automated	【自律的手法】 Autonomous
リアル空間での データ蓄積技術 （材料実験ベース）	対象材料一つ一つ 合成・評価する	対象材料を自動で全部網 羅的に合成・評価する ハイスループット実験 （Lv.1 本コラム2参照）	自律的に対象材料を選定し 自動で合成・評価する ロボティクス× アクティブラーニング （第4章4.4項参照）
バーチャル空間での データ蓄積技術 （材料シミュレーションベース）	対象材料一つ一つ 計算する	対象材料を自動で全部網 羅的に計算する ハイスループット計算 （Lv.1 本コラム3参照）	自律的に対象材料を選定し 自動で計算する シミュレーション× アクティブラーニング （第4章4.1項、4.2項参照）

図2.10　材料実験と材料シミュレーションを用いたデータ蓄積技術における従来手法と自動的手法と自律的手法

にロボットで実験する、という作業を繰り返します。これらの事例は本書でも第4章4.4項で取り上げます。また材料シミュレーションによる自律的手法としては、例えばベイズ最適化と材料シミュレーションを組み合わせたシステムが開発されています[20)-22)]。ベイズ最適化で次に計算すべき組成や構造を決定し、それに従って第一原理計算などの材料シミュレーションを実行する、という流れを繰り返します。本書でも第4章4.1項、4.2項に具体的な事例を記載します。

　【自動的手法】や【自律的手法】があれば、人間が一つ一つ合成・評価・計算する【従来手法】は不要なように感じる読者もいるかもしれませんが、決してそんなことはありません。データの量よりも質が重要になる場合などでは職人技で丁寧に一つ一つ材料を合成したり、計算パラメータを設定したりする必要性は必ず出てきます。職人さんが持つ細かい思考・経験・勘・スキルなどを「すべて正しく」データ化してコンピュータ（ロボット）に材料開発をやらせることは、現在の技術ではまだできませんからね。

(1) H. Koinuma et al. Combinatorial solid-state chemistry of inorganic materials. Nat. Mater. 3, 429（2004）
(2) I. Takeuchi et al. Identification of novel compositions of ferromagnetic shape-memory alloys using composition spreads. Nat. Mater. 2, 180（2003）

(3) Y. Iwasaki et al. Predicting material properties by integrating high-throughput experiments, high-throughput ab-initio calculations, and machine learning. Sci. Technol. Adv. Mater. 21, 1（2020）

(4) M. L. Green et al. Fulfilling the promise of the materials genome initiative with high-throughput experimental methodologies. Appl. Phys. Rev. 4, 011105（2017）

(5) R. Potyrailo et al. Combinatorial and High-Throughput Screening of Materials Libraries：Review of State of the Art. ACS Comb. Sci. 13, 6, 579-633（2011）

(6) S. Curtarolo et al. The high-throughput highway to computational materials design. Nat. Mater. 12, 191-201（2013）

(7) M. Nishijima et al. Accelerated discovery of cathode materials with prolonged cycle life for lithium-ion battery. Nat. Commun. 5, 4553（2014）

(8) S. Curtarolo et al. AFLOWLIB.ORG：A distributed materials properties repository from high-throughput ab initio calculations. Comp. Mater. Sci. 58, 227-235（2012）

(9) H. Wu et al. High-throughput ab-initio dilute solute diffusion database. Sci. Data 3, 160054（2016）

(10) A. Jain et al. The Materials Project：A materials genome approach to accelerating materials innovation. APL Materials 1, 011002（2013）

(11) C. W. Coley et al. A robotic platform for flow synthesis of organic compounds informed by AI planning. Science 365, eaax1566（2019）

(12) B. Burger et al. A mobile robotic chemist. Nature 583, 237-241（2020）

(13) P. Nikolaev et al. Autonomy in materials research：a case study in carbon nanotube growth. npj Comput. Mater. 2, 16031（2016）

(14) R. Shimizu et al. Autonomous materials synthesis by machine learning and robotics. APL Materials 8, 111110（2020）

(15) Z. Li et al. Robot-Accelerated Perovskite Investigation and Discovery. Chem. Mater. 32, 5650-5663（2020）

(16) L. M. Roch et al. ChemOS：Orchestrating autonomous experimentation. Sci. Robot. 3, eaat5559（2018）

(17) P. M. Attia et al. Closed-loop optimization of fast-charging protocols for batteries with machine learning. Nature 578, 397-402（2020）

(18) J. M. Granda et al. Controlling an organic synthesis robot with machine learning to search for new reactivity. Nature 559, 377-381（2018）

(19) R. F. Service. Ais direct search for materials breakthroughs. Science 366, 6471 1295-1296（2019）

(20) Y. Iwasaki et al. Machine learning autonomous identification of magnetic alloys beyond the Slater-Pauling limit. Commun. Mater. In press.

(21) R. Sawada et al. Boosting material modeling using game tree search. Phys. Rev. Materials 2, 103802（2018）

(22) T. Yamashita et al. Crystal structure prediction accelerated by Bayesian optimization. Phys. Rev. Materials 2, 013803（2018）

少数データ解析1（スパースモデリング）

　「データが少ないけれど何とか解析したい」という状況は、材料開発分野だけでなくありとあらゆる場面で発生します。そのため、データが少数である場合の機械学習技術は活発に研究されています。その中で、ここでは材料開発分野で良く用いられるスパースモデリングと転移学習について簡単に説明します。

　まず、スパースモデリングについて簡単に説明しましょう。「スパース」とは日本語で「スカスカ」とか「疎」という意味です。データ空間が大きいのにデータ数が少ない場合は、データが疎に点々と分布するような状態になりますよね。このようなデータをスパースデータと言います。言い換えると、データの次元に対してデータの数が少ない場合をスパースデータと言います。スパースモデリングは、「本質的に重要な情報は少数である」と仮定してデータの次元を減らしながらモデルを作成する手法です。

　実はスパースモデリングはLv.1本のLASSOの部分である程度説明しています。LASSOはスパースモデリング手法の一つです。L_1正則化により回帰係数のいくつかをゼロにしつつ線形回帰モデルを作成する手法でしたね（詳細はLv.1本の2.7と3.2を参照）。イメージとしては**図2.11**に示すように、二乗和誤差に由来する点線で描かれた丸と、L_1正則化項に由来する青色の四角の接点を求めるように回帰係数βを決めるイメージです（この図では回帰係数β_2は有限ですがβ_1がゼロになっています）。いくつかの回帰係数をゼロにする（次元を減らしたモデルを作成する）ため、データ数が少なくてもオーバーフィッティングせずにモデルを構築してくれます。さらに、どのデータ（記述子）が重要かということを明確にしてくれますので、材料物性や開発プロセスの「理解」がしやすいことも大きなメリットです。材料開発分野では、データの数が少ないことが多いので、スパースモデリングの活躍の場は非常に多いです[1)-5)]。

　スパースモデリングでは適切にデータの次元を減らしてくれるので、少ないデータでも比較的何とかモデルを構築することができます。次元を減らしてくれる手法といえば、Lv.1本の2.18で説明した教師なし学習の次元削減手法（PCAやMDSやオートエンコーダなど）もありますよね（オートエンコー

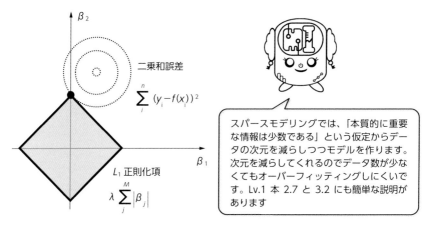

図2.11 スパースモデリング

ダーは第3章3.3項や第4章4.2項でも少し登場)。データが少ない場合は、いきなり教師あり学習の回帰や分類モデルを作成するのではなくて、説明変数に次元削減処理を施してから説明変数の次元を減らして、その後回帰モデルや分類モデルを構築すると、少ないデータでも多少マシなモデルを構築することができます。

少数データ解析2（転移学習）

　次は、転移学習の話をします。転移学習とは、あるタスクの学習モデルを別のタスクに流用することを目的とする方法論の総称です[6),7)]。

　例えばバイオリン未経験者の2人が、新たにバイオリンを習い始める際のことを考えてみましょう。ただし、片方の人は「楽器の経験が全くない人」であり、もう片方は「ピアノを習った経験のある人」です。この場合、おそらく「ピアノを習った経験のある人」のほうが、バイオリンを習得するのは簡単です。ピアノとバイオリンは別物ですが、両方とも楽器ですので、共通する部分があります。たぶん楽譜の読み方とかリズムの取り方とかは大体一緒ですかね。そのため、ピアノを学習した経験はバイオリンの学習にも生かせます。

「楽器の経験が全くない人」よりも「ピアノを習った経験のある人」は、少ない学習量および少ない学習時間でバイオリンを習得できるでしょう。

　これと同じようなことが機械学習の分野でもできると言われています。再び、電気抵抗率と熱伝導率のデータセットについて考えてみましょう。今回、電気抵抗率のデータはたくさん（データ数1000）ありますが、熱伝導率のデータは非常に少ない（データ数50）という状況です（**図2.12**a,b）電気抵抗率の測定は比較的簡単ですが、熱伝導率の測定は結構手間がかかるので、よく起こりそうな状況ですね。電気伝導率に関してはデータがたくさんあるので、そのまま機械学習モデルを作成してもある程度良い精度のモデルが作成できそうですが、熱伝導率のデータは少ないので、良い精度の機械学習モデルを作るのは難しそうです。このような状況で転移学習を用いると、熱伝導率のデータが少ないにもかかわらず、熱伝導率に関する良い機械学習モデルを作成できる可能性があります。

　図を用いてそのイメージを簡単に説明します。ただし、様々な種類の転移学習があるので、ここで記載することは単なる一例です（何を転移させたいか、によっていろいろなパターンの転移学習があります）。まずは、データがたくさんある電気抵抗率のテーブルデータ（図2.12a）で機械学習モデルを作成します。図2.12cに、電気抵抗率Yを目的変数、組成（X_{Fe}, X_{Co}……）を説明変数としてニューラルネットワークモデルを作成した時のイメージを示しています。このモデルは学習データが多いので、汎化性能が良いはずです。次に、この電気抵抗率のモデルを活用（転移）して熱伝導率のデータの学習をします。図2.12dのインプット側（赤で記載）のネットワークの重みは固定し、アウトプット側（青で記載）のネットワークの重みだけを、数少ない熱伝導率のデータで学習します。このように学習すると、ただ単に熱伝導率のデータを用いて一からニューラルネットワークモデルを構築するよりも、早い時間でかつ少ない学習データでよい汎化性能のモデルを構築することができる可能性があります。（別のやり方としては、転移後の重みを全部固定し、そこに層をいくつか追加して追加したところを少ないデータで学習してもいいですし、転移前のネットワークの重みの値を初期値としてネットワーク全体を学習させてもよいですし……転移学習のやり方はたくさんあります）

(a) 電気抵抗率のテーブル（データ数 1000）

No.	X_{Fe} (%)	X_{Co} (%)	X_{Ni} (%)	X_{Cu} (%)	X_{Zn} (%)	X_{Ga} (%)	$Y_{電気抵抗率}$ ($\times 10^7 \Omega \cdot m$)
1	90	10	0	0	0	0	1.05
2	40	25	0	0	5	20	1.21
3	75	25	0	0	0	0	1.11
4	10	10	50	0	10	20	0.98
5	60	0	0	40	0	0	0.88
⋮	⋮	⋮	⋮	⋮	⋮	⋮	⋮
100	0	0	0	90	5	5	0.55

説明変数（記述子）　目的変数

(b) 熱伝導率のテーブル（データ数 50）

No.	X_{Fe} (%)	X_{Co} (%)	X_{Ni} (%)	X_{Cu} (%)	X_{Zn} (%)	X_{Ga} (%)	$Y_{熱伝導率}$ (W/m K)
1	0	5	95	0	0	0	90
2	0	0	0	75	15	10	145
3	0	20	80	0	0	0	95
⋮	⋮	⋮	⋮	⋮	⋮	⋮	⋮
50	90	10	0	0	0	0	66

説明変数（記述子）　目的変数

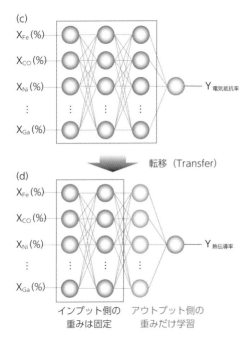

(c)

X_{Fe} (%)
X_{CO} (%)
X_{Ni} (%)
⋮
X_{Ga} (%)

$Y_{電気抵抗率}$

転移（Transfer）

(d)

X_{Fe} (%)
X_{CO} (%)
X_{Ni} (%)
⋮
X_{Ga} (%)

$Y_{熱伝導率}$

インプット側の　アウトプット側の
重みは固定　重みだけ学習

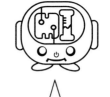

転移学習を用いて、別のデータで作成した機械学習モデルの情報を上手に使うことで、データが少なくてもある程度良い予測性能を持った機械学習モデルを作成することができる可能性があるよ。でも、必ずうまくいくというわけではないから、転移する前と後の機械学習モデルの精度をちゃんと比較してね

図2.12　転移学習

　転移学習を行うときに注意しなければならないことは、「必ずしも転移できるわけではない」ということを意識しておくことです。転移元（ソース）と転移先（ターゲット）の関係性が低いと、モデルの改善どころか改悪（負の転移）が起こることもあります。今回挙げた例では、電気抵抗率が転移元（ソース）で熱伝導率が転移先（ターゲット）です。この二つの間にはおおよそ負の相関

があります（ウィーデマン・フランツ則）。そのため、転移学習は比較的成功しやすいです。このように法則に名前がついているほどの関係性までは必要としませんが、少なくとも何らかの関係性が転移元と転移先の間にないと転移学習はうまくいきません。先のバイオリンの学習の例で例えるなら、ピアノの経験者はバイオリンを早く習得できるけれども、サッカーの経験者はバイオリンを早く取得できるわけではありませんよね（たぶん）。ピアノとバイオリンは両方とも楽器であって関係性が強いのでピアノの経験は活かせそうですが、サッカーの経験ってたぶんバイオリンには活かせないからです（まぁ実際にやってみなければわかりませんが……この「やってみなければわからない」という点も、転移学習に通じるものがあります）。

　転移学習を材料開発に応用した有名な例として、例えば統計数理研究所の吉田亮先生らのグループの研究があります[8),9)]。この研究では、例えば高分子のガラス転移温度や低分子化合物の比熱容量などに関わる学習モデルを転移し、学習データが少ししかない高分子の熱伝導率の予測ができるモデルを構築しています。転移学習を用いることによって特に外挿領域の予測性能を大幅に向上することができています。これら転移学習などを含めいろいろな機能が実装されているMIオープンソースプラットフォーム「XenonPy」があるので、興味がある方はそこのサイトを覗いてみるとよいかもしれません[10)]。

(1)　H. Numazawa et al. Experiment-Oriented Materials Informatics for Efficient Exploration of Design Strategy and New Compounds for High-Performance Organic Anode. Adv Theory Simulations 2, 1900130（2019）

(2)　N. Ishida et al. Quantifying Hole Transfer Yield from Perovskite to Polymer Layer：Statistical Correlation of Solar Cell Outputs with Kinetic and Energetic Properties. ACS photonics, 3, 1678-1688（2016）

(3)　Y. Zhang et al. A strategy to apply machine learning to small datasets in materials science. npj Comput. Mater. 4, 25（2018）

(4)　G. R. Schleder et al. From DFT to machine learning：recent approaches to materials science- a review. J. Phys. Mater. 2, 032001（2019）

(5)　L. M. Ghiringhelli et al. Big Data of Materials Science：Critical Role of the Descriptor. Phys. Rev. Lett. 114, 105503（2015）

(6)　S. J. Pan et al. A Survey on Transfer Learning. IEEE Trans. Knowl. Data Eng. 22, 10, 1345-1359（2010）

(7)　C. Tan et al. A Survey on Deep Transfer Learning. arXiv：1808.01974（2018）

(8)　S. Wu et al. Machine-learning-assisted discovery of polymers with high thermal

conductivity using a molecular design algorithm. npj Comput. Mater. 5, 66（2019）
(9) H. Yamada et al. Predicting Materials Properties with Little Data Using Shotgun Transfer Learning. ACS Cent. Sci. 5, 10, 1717–1730（2019）
(10) XenonPy, https://github.com/yoshida-lab/XenonPy

2.4 その相関関係は信じていいの？ ～合流点バイアス～

いきなりですが、以下のような物語について考えてみましょう。

> 　ゆうま君は、とあるラボの学生です。このラボでは、電気抵抗率が低く、かつ熱伝導率が高い合金材料の探索を進めています。ゆうま君は、このラボで今まで作った合金材料の電気抵抗率と熱伝導率をプロットしてみました（**図2.13**）。このデータを相関分析し、これら電気抵抗率と熱伝導率のデータの間には相関係数0.75の「正の相関」があることが分かりました。このことから、ゆうま君は「電気抵抗率と熱伝導率の間には正の相関があるんだ！」と結論付けました。
> （※この物語はフィクションです。実在の人物や団体などとは一切関係ありません）

　さて、皆さんはゆうま君の結論をどう思いますか？　最初に答えを言ってしまうと、ゆうま君の結論は間違っています。合金材料の電気抵抗率と熱伝導率の間には負の相関関係があります（ウィーデマン・フランツ則）。しかし、ゆうま君は相関を逆に結論付けてしまっていますね。なぜこんなことが起こるのでしょうか？

　ここには、相関関係、因果関係、そして疑似相関が関係します。これらはLv.1本の2.13でも登場しましたね。それぞれ、

> 相関関係：2つの値の関連性のこと。一方が増加すれば他方も増加する、または一方が増加すれば他方が減少するという関係がみられるとき、両者の間に（前者では正の、後者では負の）相関関係が

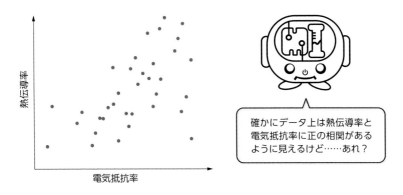

図2.13 熱伝導率と電気抵抗率の相関関係（？）

あるという。

因果関係：原因と結果の関係のこと。一般的には事象Aが事象Bを引き起
　　　　　こすとき、AをBの原因といい、BをAの結果という。そして
　　　　　このとき、AとBの間には因果関係があるという。

疑似相関：直接因果関係のない2つの変数に相関関係がみられること。

でしたね。そしてこの疑似相関が生じるパターンは、大きく分けると以下の3
つが考えられます。

逆因果：原因と結果が逆転していること。たとえば変数Aと変数Bの間に
　　　　相関関係がみられ、Aが原因、Bが結果だと思っていたが、実は
　　　　Bが原因でAが結果である状況。この場合、Bを変化させるとA
　　　　も変化するが、Aを変化させてもBは変化しない。

交　絡：共通する別の原因があること。例えば、変数Cが変数Aと変数B
　　　　の両方の原因になっている状況。この場合、Cを変化させるとA
　　　　もBも変化するが、Aを変化させてもBは変化せず、またBを変
　　　　化させてもAは変化しない。しかし、AとBには相関関係がみら
　　　　れることがある。また、このような状況のCを交絡因子と呼ぶ。

> 合流点バイアス：ランダムではないやり方で、データが選抜／層別／調整
> されている状況。

さて、さきほどのゆうま君の勘違いは、この3つ目の疑似相関「合流点バイア
ス」によるものです。ただ、せっかくなので、その前に他の疑似相関について
も簡単に説明します。

　まずは、逆因果についてです。これは上の説明文を読んだだけでも多分イ
メージがつきますね。原因と結果が逆になっていることです。図でイメージを
書くと**図2.14**の上側です。このような図では、矢印の根本が原因であり、矢
印の先が結果であることを意味します。例えばですが、ゆうま君が

> 「町の交番の数と町の犯罪件数に正の相関があることを突き止めた。だか
> ら交番の数を減らせば町は平和になるに違いない」

と考えたとしましょう。交番の数と犯罪件数に正の相関があることは事実なの
ですが、ゆうま君は、町の交番が多いこと（原因）で犯罪件数が増加する（結
果）と考えています。皆さんならすぐにわかるように、この因果は逆です。犯
罪件数が多いから（原因）、交番の数が増やされた（結果）のです。図の中で
表現すると、Aが交番の数（結果）であり、Bが犯罪件数（原因）です。ゆう
ま君のように因果を逆にとらえて交番の数を減らしてしまったら、さらに犯罪
件数が増えることになってしまいますね。

　次に交絡について簡単に説明します。実はLv.1本の2.13でも疑似相関を説
明しているのですが、そこで使用した「お酒は百薬の長」という例が、この交
絡と考えられています。ここでは別の例を挙げて説明します。ゆうま君がある
とき、

> 「血圧と年収の間に正の相関があることを突き止めた。だから塩分をたく
> さん摂取して高血圧になって高所得者になろう」

と考えました。血圧と年収の間に正の相関があることは確かに正しいです。た

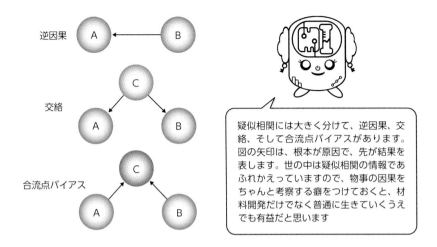

逆因果

交絡

合流点バイアス

疑似相関には大きく分けて、逆因果、交絡、そして合流点バイアスがあります。図の矢印は、根本が原因で、先が結果を表します。世の中は疑似相関の情報であふれかえっていますので、物事の因果をちゃんと考察する癖をつけておくと、材料開発だけでなく普通に生きていくうえでも有益だと思います

図2.14　疑似相関の種類

だ、血圧を高くすれば高収入を得られるわけがないですよね。これも疑似相関（交絡）です。ここには第三の要因（交絡因子）として「年齢」が関わります。図2.14の真ん中のCが年齢であって、AとBがそれぞれ血圧と収入です。年齢が高くなると高血圧の人の割合が増えます。それとは別に、年齢が高いほど役職が上がるので平均年収も増えます。そのため血圧と年収の間に相関は見られますが、直接的な因果はほぼ無いと考えられます。収入を上げるために塩分をたくさん取るというゆうま君の行動は完全にナンセンスです。

　ちょっと回り道をしてしまいましたが、ようやく合流点バイアスの話に入ります。ランダムではないやり方で、データが選抜・層別・調整されている状況であって、図2.14の下のように、AとBからCへ矢印が伸びている状況です。これに関しては、具体事例で説明したほうが理解しやすいと思いますので、先ほどの電気抵抗率と熱伝導率の物語に話を戻します。この物語のポイントは、「このラボでは、電気抵抗率が低く、かつ熱伝導率が高い合金材料の探索を進めています。」の部分です。図2.13にプロットされているデータは、電気抵抗率が低く、かつ熱伝導率が高い合金材料を選抜してプロットしていることになります。つまり、ランダムではない選抜です。仮に全合金データの電気抵抗率

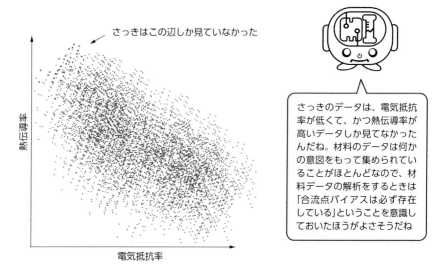

図2.15　合流点バイアス

と熱伝導率をプロットすると**図2.15**のような感じになるはずです。こうやってみますと、電気抵抗率と熱伝導率には負の相関があることが良く分かりますね。先ほどは電気抵抗率が低くてかつ熱伝導率は高い材料しか見ていなかったので、ゆうま君は間違えてしまったということです。「"このラボで作った"合金材料の電気抵抗率と熱伝導率の間には正の相関がある」と結論付けていれば、まぁ間違いではなかったんですけどね。

　ここで紹介した逆因果、交絡、そして合流点バイアスによる疑似相関は、材料の分野では非常に頻繁に発生します。特に、材料を蓄積しているデータベースにおいては、ほぼ全て合流点バイアスがかかっていると考えていた方が良いかもしれません。材料開発者は何かの狙いがあって材料を合成したり計算したりするわけですからね。そう考えると、データ科学（機械学習）だけに頼らず、人間自身で考えて物事の因果を考察することの重要性が良く分かりますね。

2.5 その予測性能は信じていいの？ 〜Nested Cross Validation〜

さて、ここでもまずは以下の物語を考えてみましょう。

　ゆうま君は、とあるラボの学生です。このラボの教授から次のことを言われました。「ここに3つのデータ（X_1, X_2, X_3）と1つのデータ（Y）がある（**図2.16a**）。このデータ間に何らかの関係があるか、それとも関係がないのかを調べろ。もし微小でも関係性があることを示すことができたら大発見だ」そこでゆうま君は、与えられた3つのデータ（X_1, X_2, X_3）を説明変数、データ（Y）を目的変数として教師あり機械学習（回帰）で予測できるかどうかを調べることにしました。クロスバリデーション（*Leave One Out Cross Validation*）を用いてハイパーパラメータを決定したニューラルネットワークモデルを構築した結果、ある程度は予測できているように見えます（図2.16b）。そのため、ゆうま君は「このデータ間には何らかの関係がある！」と結論付けて、大発見ができたと大いに喜びました。

（※この物語はフィクションです。実在の人物や団体などとは一切関係ありません）

　さて、皆さんはゆうま君の結論をどう思いますか？　最初に答えを言ってしまうと、ゆうま君は間違っています。実はこの教授は、ゆうま君にただの乱数のデータを渡していました。図2.16aにあるX_1, X_2, X_3, Yは全部コンピュータが生成した乱数です。乱数と乱数の間に関係性があるわけがありません。喜んでいるゆうま君を見てこの教授は陰で笑っていたのでしょうね。イジワルな教授です。

　ではなぜゆうま君がクロスバリデーション（以後はCVで表記します）で作ったニューラルネットワークモデルでは、ある程度予測ができてしまっているように見えるのでしょうか。その理由は、普通のCVでは、「厳密には」汎化性能を評価していないからです。CVはLv.1本の2.8で説明しましたね。デー

(a)

X_1	X_2	X_3	Y
0.21	0.33	0.16	0.98
0.27	0.34	0.72	0.59
0.02	0.15	0.95	0.57
0.86	0.23	0.93	0.26
0.34	0.96	0.66	0.47
0.14	0.33	0.05	0.44
0.51	0.29	0.63	0.1
0.15	0.05	0.84	0.72
0.61	0.52	0.95	0.81
0.01	0.57	0.15	0.37
0.74	0.91	0.62	0.91
0.7	0.16	0.3	0.65

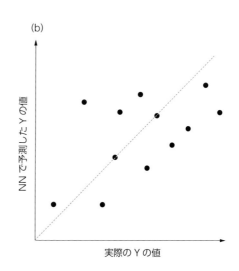

クロスバリデーションで作ったニューラルネットワークモデル
だと、3つのデータ（X_1, X_2, X_3）からデータ（Y）をある程度
は予測できているように見えるね。でもこれで X_1, X_2, X_3 と Y
の間に何らかの関係があると判断して本当にいいのかな？

図2.16　CVを使ったNNでの予測

タを学習用データとテスト用データに分けて、汎化性能を評価する手法です。
念のため図でイメージすると以下のようになります。

　様々なハイパーパラメータで学習データから機械学習モデルを構築し、それ
らの汎化性能をテストデータから検証することで一番良いハイパーパラメータ
を決定する、というイメージです（Lv.1本の2.8ではもう少し丁寧に説明して
います）。でもよく考えてみてください。モデルの学習自体にはテストデータ
を使っていませんが、テストデータに適したハイパーパラメータを選んでいる
ということは、最終的に選ばれたハイパーパラメータ（機械学習モデル）は、
テストデータの情報を少しだけ含んでいることになりますよね。つまり、普通
のCVを用いて構築されたモデルは、いわゆる答えの情報を少しだけ知ってい
る状態で作成されたモデルなのです。

　そのため、ゆうま君が行ったアプローチだと、インプットX_1, X_2, X_3とアウ

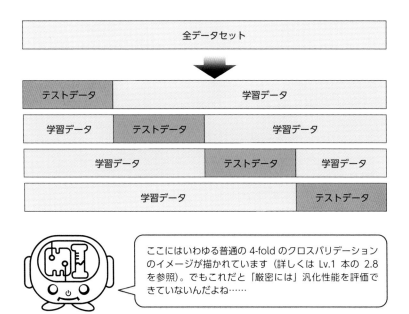

図2.17　クロスバリデーション（CV：Cross Validation）

トプット Y の間に本当は何も関係性がないのに、ちょっと予測できている（何らかの関係がある）ように見えてしまうのです。この現象は特にデータが少ないと顕著にみられます。材料開発分野ではデータが少ないことが多いので、MIをやっている我々は気を付けなくてはなりません。また、材料開発分野に限らず、本当はデータ間に何も関係がないのに「一見関係がなさそうなデータでも機械学習を使うとちょっと予測ができる。大発見だ！」という感じの研究や発表は意外と多いので、注意してその内容を精査する必要があります。

　普通のCVでは「厳密な」汎化性能は評価できないということがこれで分かったかと思います。じゃあ、もっと厳密な汎化性能を評価する手法はないのかというと、そういうわけではありません。その手法の一つにNested Cross Validation（Nested CV）があります。そのイメージを**図2.18**に示しました。一言で表現すると、CVのループを二重にします。普通のCVで分割して作成した学習データをさらに分割して学習データと調整データに分けます。この分割された学習データでモデルを構築し、調整データでハイパーパラメータを決

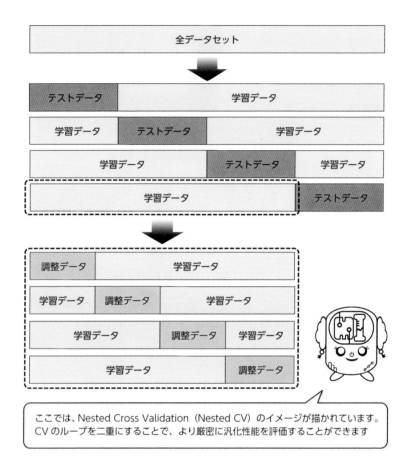

ここでは、Nested Cross Validation（Nested CV）のイメージが描かれています。
CV のループを二重にすることで、より厳密に汎化性能を評価することができます

図2.18　Nested Cross Validation（Nested CV）

めます。こうして作成されたモデルの性能評価はテストデータを用いて計算します。そうすれば、このテストデータはモデルの構築（モデル学習およびハイパーパラメータの決定）には一切関わっていないので、より厳密な汎化性能を評価することができます。

　ただ、この Nested CV にもデメリットがあります。CV のループを 2 重にするので計算にメチャクチャ時間がかかります。また、学習データを 2 回も分割しなければならないので、モデル構築に使える学習データが減ります。そのため、いつも必ず Nested CV をしなければならないというわけではありませ

ん。時間がたっぷりあって、より厳密に性能を評価しなければならない場合は Nested CV を使い、それ以外の場合は普通の CV で我慢する、など場面によって使い分けが必要です。

コラム2

説明可能AI（XAI）

　ここでは、Lv.1本でもLv.2本でもたびたび登場している説明可能AIについて簡単に紹介します。Lv.1本2.11で説明したように、機械学習の予測性能とモデル解釈性は基本的にトレードオフの関係にあります。このトレードオフを解消し、予測性能とモデル解釈性を両立させようと頑張っている技術分野を説明可能AI（XAI：Explainable AI）と呼びます（**コラム図2**はLv.1本の図2.10の再掲）。最近はXAIの論文や書籍が充実してきているので、非常に勉強しやすくなってきました[1)-7)]。日本語で読める書籍もあります[8),9)]。

　「モデル解釈性」という言葉は非常に主観的な言葉で様々な意味を持ちます。そのため、説明可能AIや解釈可能AIや透過型AIなどなど似たような言葉がたくさん出てきますので、まずはその辺を整理してみましょう[8)]。

　まずは、説明可能AI（Explainable AI）です。この用語は、モデル内部に複雑な構造を持つAIに対して、予測の判断理由を人間が理解できるように説明するAIのことを指します。予測理由を説明することにフォーカスし

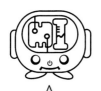

予測性能

深層学習
（ニューラルネットワーク）

サポートベクターマシン

説明可能AI
（XAI：Explainable AI）

ランダムフォレスト

線形回帰
（MLR, Ridge, Lasso, etc.）

決定木

モデル解釈性

「予測性能」と「モデル解釈性」を両立させようと頑張っているのが説明可能AIだよ。説明可能性とかモデル解釈性という言葉はとっても主観的で、様々な意味で使われているから注意してね

コラム図2　予測性能とモデル解釈性のトレードオフ

ているため、モデル内部を詳細部まで正確に解析できる必要はありません。例えば、ブラックボックスである深層学習モデルを決定木などの簡単なモデルに置き換えて説明を試みるSurrogate Model（後ほどもう少し詳しく説明します）という技術は、ここに分類されます。ただ、これだけではなく**コラム図3**に挙げた5つを全部ひっくるめて説明可能AIと表現する人もいたりするので、この辺の定義は曖昧です。

　解釈可能AI（Interpretable AI）は、モデルの内部構造を解析することで予測の計算過程を確認できるようなモデルを指します。例えば決定木（Lv.1本の3.3）やFAB/HMEs（Lv.1本の3.6）は、モデル内部全体が可視化されていて、予測の過程を追うことができますので、解釈可能AIの一種ということになります。

　次に透過型AI（Transparent AI）ですが、これはモデルを構築するまでのプロセスが可視化されているAIです。モデルを利用する側の人から見ると、「このモデルはどのようなデータで学習したのか？」「どのようなアルゴリズムか？」などが気になる時があります。これらの情報がきちんと開示されていれば、例えば医療や安全審査のように問題発生時の影響が大きい業務において「AIの出力を採用してよいか」の判断基準の一つになります。

　説明責任のあるAI（Accountable AI）は、AIが下した判断の責任が誰／何にあるのかを明確にしているAIです。例えばAIが間違った判断を下した際に、AIが入力データのどこを見て間違えたのかを示す「根拠の提示」をすることが説明責任のあるAIに求められることの一つです。また、AIアルゴリズム以外の部分の整備も重要になります。例えば、医療現場においてAIが間違った判断を下し、結果的に患者を死なせてしまった場合、その責任の所在がどこにあるのか微妙になります。そうならないように、AIの「医療診断」は基本的に禁止し、「医者へのアシスト（助言）」のみを許すようルール（法）の整備をすれば、責任の所在は明確になります（この場合、責任は医者になります）。ルールや法律なども含めての「説明責任のあるAI」です。

AIの種類	内容
説明可能AI (Explainable AI)	利用者の理解を支援する、予測に関する説明を提供するAI
解釈可能AI (Interpretable AI)	人間にとって本質的に解釈可能なアルゴリズムによって構築されたAI
透過型AI (Transparent AI)	学習に用いられたデータやプロセスを示すことが可能なAI
説明責任のあるAI (Accountable AI)	利用の事実や学習に用いるデータの取得・使用方法などに対する責任の所在を、対外的に説明できるAI
公正なAI (Fair AI)	意思決定におけるモデルやデータの倫理性や公平性について保証されたAI

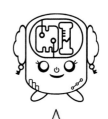

ここに挙げた各 AI の境界線は非常に曖昧です。論文によってこれらの語句の使われ方が微妙に異なりますので、注意してください。

コラム図3　いろいろなAIの整理

　最後に公正なAI（Fair AI）です。これはAIの利用者の属性（人種・年齢・性別など）に依存せず、すべての利用者に公平なサービスを提供できるように、不公平を生じるバイアスを削除したAIのことを指します。学習データには何らかのバイアスがかかってしまうことがあります。例えば、人間の歴史的社会通念に基づく「歴史的バイアス」や、データ収集の際に偏ったデータを参照してしまう「サンプリングバイアス」です。これらのバイアスを削除し、不公平な予測結果を出さないようにすることが求められています。

　また、モデルの何を説明するかという観点において、大局説明（Global Explanations）と局所説明（Local Explanations）に分けて考えることもできます。

　まず大局説明ですが、これはモデルの全体的な振る舞いを説明することです。機械学習モデルそのものに対する理解を深めることを目的としています。例えば、ランダムフォレスト（Lv.1本の3.4）では、モデル全体としてどの特徴量を重要視しているか（Feature Importance）を示してくれますし、線形回帰（Lv.1本の3.1）やLASSO（Lv.1本の3.2）は、モデル全体を数式として表現してくれますよね。また、先の決定木（Lv.1本の3.3）や

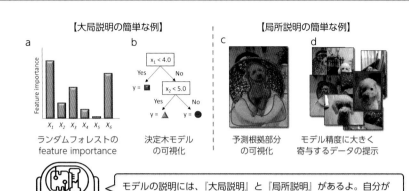

【大局説明の簡単な例】　　　　　　【局所説明の簡単な例】

a

Feature importance

x_1　x_2　x_3　x_4　x_5　x_6

ランダムフォレストの
feature importance

b

$x_1 < 4.0$

Yes　No

$y = $ ■　　$x_2 < 5.0$

Yes　No

$y = $ ▲　$y = $ ●

決定木モデル
の可視化

c

予測根拠部分
の可視化

d

モデル精度に大きく
寄与するデータの提示

モデルの説明には、『大局説明』と『局所説明』があるよ。自分が
モデルのどのような情報を必要としているかによって使い分けてね

コラム図4　大局説明と局所説明

FAB/HMEs（Lv.1本の3.6）は、モデル全体を木構造で可視化してくれま
す。これらはすべてモデル全体の振る舞いを示す「大局説明」をしているこ
とになります。Lv.1本内で「モデル解釈性」という言葉を用いている場面
では、大方この「大局説明」の意味で使われていました。

　次に、局所説明です。これは、個々の予測結果の判断理由を説明すること
です。例えば犬or猫を判別する機械学習モデルで、犬と判別される画像デー
タがあった際に、この画像内のどこを見て犬と判断したのかを可視化するこ
とができます（コラム図4c）。これにより利用者が予測結果の根拠を知るこ
とができるだけでなく、モデルの妥当性も評価することができます。例え
ば、機械学習モデルが、コラム図4cの赤い部分を根拠に「犬」と判定して
いるのであれば、そのモデルはある程度は信頼して良いモデルですが、仮に
青い部分を根拠に「犬」だと判定していた場合は、そのモデルは妥当だとは
言えないですよね。この他にも、例えばモデルの予測性能に大きな影響を与
えるデータを提示することもできます（コラム図4d）。これも「局所説明」
の一種です。

　今まで説明してきたように、様々な種類の○○AIがあったり様々な説明
の種類があったりしますので、当然、XAIの技術も非常に様々です。ここで

は、有名なものをいくつかピックアップして簡単に紹介します（**コラム図5**）

　XAIの代表的な技術の一つとして、LIME（Local Interpretable Model-agnostic Explanations）[10]があります。局所説明技術の一種で、予測に寄与したデータの特徴を算出します。複雑な機械学習モデルでも、一つの説明対象データの近傍に限れば単純な線形モデルで近似できるだろうという仮定のもと、その近似した線形モデルを予測根拠の説明のために使います。LIMEの最大の利点は、数値データ（テーブルデータ）でも画像データでもテキストデータでも使えるという点です。論文も出ていますし[10]、コードも公開されています[11]。

　次はSHAP（SHapley Additive exPlanations）[12]です。ゲーム理論には、複数のプレイヤーが協力した際の各プレイヤーの寄与（貢献度）を算出するシャープレイ値（Shapley Value）というものがあるのですが、これを応用して機械学習モデルの予測に対する各特徴量の寄与度を算出することができます。計算に時間はかかるけどモデルに依存しないシャープレイ値を算出することができるKernelExplainer（KernelSHAP）[13]、ランダムフォレストやXgboostなどの決定木ベースモデル用のTreeExplainer（TreeSHAP）[14]、深層学習用のDeepExplainer（DeepSHAP、DeepLIFT）[15]、などこの他にもいろいろあります。コードも公開されています[16]。

　次はPermutation Importanceの説明です。これは、機械学習モデルの特徴量の重要度（Feature importance）を算出するやり方です。すでにランダムフォレストなどでfeature importanceを算出・可視化できるという話はしました（Lv.1本3.4やLv.2本のコラム図4a）。Permutation importanceはこれを汎用化し、ランダムフォレスト以外の様々な機械学習モデルでも出来るようにする技術です。特徴量の値をランダムで並べ替えてモデルを作成し、その時の予測誤差の増減具合からFeature importanceを算出します。論文としてはこれがまとまっていて読みやすいと思います[17]。コードもいろいろあります[18]。

　次は、Surrogate Modelです。これは複雑な機械学習モデル（e.g 深層

技術	内容
LIME	画像やテキストなどの多様なデータに対して、任意の判別モデルの予測を線形近似によって説明する。
SHAP	各種データに対応する機械学習モデルの予測に対して、特徴量の貢献度をゲーム理論的な指標を用いて説明する。
Permutation Importance	特徴量の値を並べ替えた後のモデルの予測誤差の増加を測定し、特徴量と結果の関係を説明する。
Surrogate Model	複雑な機械学習モデルを、決定木などの解釈可能なモデルで代理的に説明する。
CAM / Grad-CAM	CNN系モデルの畳み込み層の勾配を利用して、画像内の重要領域を強調したマップを生成する。

とりあえず5つを挙げてみましたが、この他にも便利なXAIの技術はたくさんあり、日に日にどんどん増えています

コラム図5　様々な説明可能AIの技術

学習）の中身を解釈が容易なモデル（e.g 決定木、線形回帰）で模倣して、判断ロジックを解釈する手法です。基本的なコンセプトは単純で、もともとの複雑な機械学習モデルと単純なモデルとの出力の差分が小さくなるように（決定係数等の「忠実度」が大きくなるように）モデルを作ります。単純なモデルとして決定木を使った場合を特にTree Surrogateと言います。複雑なモデルの学習で使ったデータ全体に対応したSurrogate Modelを作ることをGlobal Surrogate、特定の学習データ周辺にフォーカスしてSurrogate Modelを作ることをLocal Surrogateと言います（例えば、先のLIMEはLocal Surrogateの線形モデルバージョンの一種ということになります）。決定木や線形回帰などの使い方を知っていればすぐに簡単に実行できますので、非常に便利です。ただ、決定木や線形回帰モデルは、もともとの複雑なモデルを正確に表現できるわけではないという点に注意をし、決定係数などの忠実度の値を意識しながら解析を進める必要があります。また、MI屋さんがSurrogate Modelという言葉を使うときは、「複雑な機械学習モデルを単純な機械学習モデルで代理する」という意味で使うときと、

「第一原理計算などのシミュレーションをブラックボックスとして、それを機械学習モデルで代理する」という意味で使うときがありますので、注意してください。

　次はCAM（Class Activation Mapping）の説明をします。第3章3.3項で紹介する畳み込みニューラルネットワーク（CNN）を説明するための手法です。畳み込み層の特徴量マップを重みづけて可視化することで、コラム図4cのように、判断根拠を可視化することができます。初期のCAMはCNNモデル中にGAP（Global Average Pooling）という層がないと適応できませんでしたが[19]、その制約を取っ払ったGrad-CAM[20]や、他にもGrad-CAM＋＋[21]、Pyramid Grad-CAM[22]、Common Component Activation Map（CCAM）[23]などいろいろな技術が次々と登場しています。いろいろあってどれを使えばよいか迷うかもしれませんが、基本的には深層学習の有名なオープンソース（TensorFlow、Keras、PyTorchなど）にはその当時の有力なものが実装されているはずですので、初学者はまずはそれを使えばよいです。

　さて、ようやく材料開発の話に行きます。これらXAIの技術はすでに多くの材料開発で使われております。LIMEの事例[24]、SHAPの事例[25]、Permutation Importanceの事例[26]、Grad-CAMの事例[27]と、例を挙げればきりがありませんし、その他のXAI関連技術も様々な材料開発で活躍しています[28]-[33]。

　材料開発分野でXAI技術を用いるモチベーションは様々だと思います。「材料の理論（物理・化学）に踏み込んだ解析をしたい」だったり「他人に自分のMI研究を説明する時（プレゼンや論文）に納得感を与えたい」だったり、と色々ありますが、結局は「材料開発をやっている自分自身が納得感を得たい」というのが一番大きいと思います。物理出身の筆者がXAI技術を使うようになったきっかけもこれです。ブラックボックスの機械学習モデルだけで材料開発をするのはあまり個人的にスッキリしないので、物理・化学の観点からも考察したいなと。ただ、納得感を得たいかどうかというのは、その人によりますよね。ブラックボックスの機械学習モデルだけで材料開発

をすることに何の抵抗もない人だってたくさんいますし、「材料のユーザーからすれば、その材料の背後にある理論（物理・化学）なんてどうでもよくて、とにかく材料特性さえ良ければそれで問題ない」というのも事実です。つまり何が言いたいかというと、XAI技術があるからと言って、解釈性の低い機械学習モデルが「悪」というわけではないということです。使う機械学習モデルを選ぶときは、目的・技術的条件・時間的条件だけでなく「自分の性格」も含めて選択すると良いと思います。

　うーむ、このXAIのコラム、さらっと1ページくらいで書くつもりだったのにすごく長くなってしまった（そしてまだ全然書き足りない）。まぁいいか。

(1) C. Molnar. Interpretable machine learning. A Guide for Making Black Box Models Explainable. 2019. https://christophm.github.io/interpretable-ml-book/
(2) C. Rudin et al. Stop explaining black box machine learning models for high stakes decisions and use interpretable models instead. Nat. Mach, Intell. 1, 206-215 (2019)
(3) P. Voosen. The AI detectives. Science, 357, 6346 22-27 (2017)
(4) A. Adadi et al. Peeking Inside the Black-Box : A Survey on Explainable Artificial Intelligence (XAI). IEEE Access, 6, 52138-52160 (2018)
(5) R. Guidotti et al. A Survey of Methods for Explaining Black Box Models. ACM Comput. Surv. 51, 5 (2018)
(6) R.R. Hoffman et al. Metrics for Explainable AI : Challenges and Prospects. Preprint arXiv : 1812.04608v2 (2019)
(7) W. Samek et al. Explainable AI : Interpreting, Explaining and Visualizing Deep Learning. Springer, Cham (2019)
(8) 大坪直樹 ほか『XAI（説明可能なAI）そのとき人工知能はどう考えたのか?』リックテレコム (2021)
(9) C. Molnar Interpretable Machine Learning - A Guide for Making Black Box Models Explainable - の日本語訳　https://hacarus.github.io/interpretable-ml-book-ja/
(10) M. T. Ribeiro et al. "Why Should I Trust You?" : Explaining the Predictions of Any Classifier. KDD'16 1135-1144 (2016)
(11) LIMEのgithub　https://github.com/marcotcr/lime
(12) S. M. Lundberg et al. A Unified Approach to Interpreting Model Predictions. Advances in Neural Information Processing Systems (NeurIPS) 30, 4765-4774 (2017)
(13) I. Covert et al. Improving KernelSHAP : Practical Shapley Value Estimation via Linear Regression. AISTATS 2021
(14) S. M. Lundberg et al. Consistent Individualized Feature Attribution for Tree Ensembles. Preprint arXiv : 1802.03888 (2018).

(15) A. Shrikumar et al. Learning Important Features Through Propagating Activation Differences. Preprint arXiv : 1704.02685v2（2017）

(16) SHAPのgithub　https://github.com/slundberg/shap

(17) A. Fisher et al. All Models are Wrong, but Many are Useful : Learning a Variable's Importance by Studying an Entire Class of Prediction Models Simultaneously. Preprint arXiv : 1801.01489（2018）.

(18) ELI5　https://eli5.readthedocs.io/en/latest/

(19) B. Zhou et al. Learning Deep Features for Discriminative Localization. IEEE CVPR 2921-2929（2016）.

(20) R. R. Selvaraju et al. Grad-CAM : Visual Explanations from Deep Networks via Gradient-based Localization. In ICCV 618-626（2017）.

(21) A. Chattopadhyay et al. Grad-CAM＋＋ : Generalized Gradient-Based Visual Explanations for Deep Convolutional Networks. IEEE WACV 839-847（2018）.

(22) S. Lee et al. Robust Tumor Localization with Pyramid Grad-CAM. Preprint arXiv : 1805.11393（2018）

(23) W. Li et al. Localizing Common Objects Using Common Component Activation Map. IEEE CVPR 28-31（2019）

(24) T. Maemura et al. Interpretability of Deep Learning Classification for Low-Carbon Steel Microstructures. Materials Transactions 61, 8 1584-1592（2020）

(25) R. R. Perez et al. Interpretation of Compound Activity Predictions from Complex Machine Learning Models Using Local Approximations and Shapley Values. J. Med. Chem. 63, 8761-8777（2019）

(26) X. Yuan et al. Applied Machine Learning for Prediction of CO_2 Adsorption on Biomass Waste-Derived Porous Carbons. Environ. Sci. Technol. 55, 11925-11936（2021）

(27) S. Zhong et al. Molecular image-convolutional neural network（CNN）assisted QSAR models for predicting contaminant reactivity toward OH radicals : Transfer learning, data augmentation and model interpretation. Chem. Eng. J. 408, 127998（2021）

(28) Y. Iwasaki et al. Identification of advanced spin-driven thermoelectric materials via interpretable machine learning. npj Comput. Mater. 5, 103（2019）

(29) Y. Suzuki et al. Symmetry prediction and knowledge discovery from X-ray diffraction patterns using an interpretable machine learning approach. Sci. Rep. 10, 21790（2020）

(30) J. Jiménez-Luna et al. Drug discovery with explainable artificial intelligence. Nat. Mach. Intell. 2, 573-584（2020）

(31) J. Feng et al. Explainable and trustworthy artificial intelligence for correctable modeling in chemical sciences. Sci. Adv. 6, 42, eabc3204（2020）

(32) R. Dybowski. Interpretable machine learning as a tool for scientific discovery in chemistry. New J. Chem. 44, 20914-20920（2020）

(33) B. Kailkhura et al. Reliable and explainable machine-learning methods for accelerated material discovery. npj Comput. Mater. 5, 108（2019）

第 **3** 章

インプットデータの種類とその活用方法

材料データと一言で言ってもいろいろなものがあります。数値、文字列、曲線、画像、グラフ、テキストなど様々ありますよね。ここではインプットデータ（記述子）に関して俯瞰し、それぞれの活用方法について記載します。

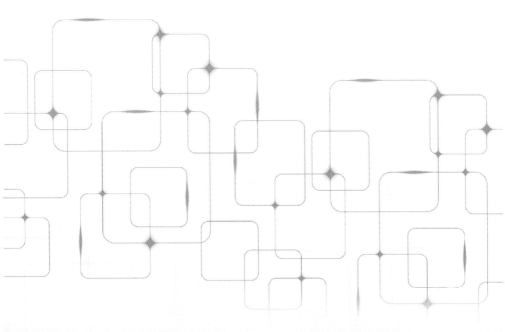

3.1 数値や文字列データ

　材料データには色々な種類がありますが、まずは単純な数値（スカラー）の
データについて説明します。材料特性は単純な数値になっているものが多いで
すよね。例えば先に出てきた電気抵抗率や熱伝導率は単純な数値として表され
ます。また、プロセス条件（温度、圧力、時間など）や組成も単純に数値とし
て表すことができます。このように、材料分野では単純に数値として表されて
いるデータがたくさんあります。簡単にテーブルデータとして構造化ができま
すので、最も取り扱いやすいデータの形状と言っていいでしょう（**図3.1**）。
本書では、単純な数値を取り扱ったMI事例として第4章4.1項、4.2項、4.3項、
4.4項、4.10項に記載しています。

　さて、構造化された図3.1を見てみると、機械学習でダイレクトに取り扱う
のがちょっと難しい箇所があります。結晶構造のところです。BCCとかFCC
とかHCPという文字列をそのまま機械学習で取り扱うのは大変です。このよ
うなデータはカテゴリ変数と言いまして、通常はそのまま機械学習に入れるの
ではなく事前に数値に変換（エンコーディング）します。そのやり方はたくさ
んあるのですが、ここでは初歩的な手法を3つだけ説明します。

　まずは、One-hotエンコーディングです（**図3.2左**）。各カテゴリの列（今

| | 組成 | | | | | | 材料特性 | | 結晶構造 | |
No.	X_{Fe} (%)	X_{Co} (%)	X_{Ni} (%)	X_{Cu} (%)	X_{Zn} (%)	X_{Ga} (%)	$Y_{電気抵抗率}$ $(\times 10^{-7} \Omega \cdot m)$	$Y_{熱伝導率}$ (W/m K)	結晶構造	…
1	90	10	0	0	0	0	1.05	95	BCC	…
2	40	25	0	0	5	20	1.21	61	FCC	…
3	5	90	0	0	5	0	0.73	88	HCP	…
4	10	10	50	0	10	20	0.98	51	FCC	…
5	60	0	0	40	0	0	0.88	175	BCC	…
⋮	⋮	⋮	⋮	⋮	⋮	⋮	⋮	⋮	⋮	⋮

数値データは、簡単に構
造化できるから、機械学
習で非常に取り扱いやす
いよ。一方、数値になって
いないデータは、機械学
習で取り扱う前にちょっ
とした工夫が必要だよ

図3.1　構造化された材料データ

One-hot エンコーディング

No.	結晶構造		FCC	BCC	HCP
1	BCC		0	1	0
2	FCC		1	0	0
3	HCP		0	0	1
4	FCC		1	0	0
5	BCC		0	1	0
⋮	⋮		⋮	⋮	⋮

ダミーエンコーディング

No.	結晶構造		FCC	BCC
1	BCC		0	1
2	FCC		1	0
3	HCP		0	0
4	FCC		1	0
5	BCC		0	1
⋮	⋮		⋮	⋮

ラベルエンコーディング

No.	結晶構造		ラベル
1	BCC		1
2	FCC		2
3	HCP		3
4	FCC		2
5	BCC		1
⋮	⋮		⋮

カテゴリ変数は、数値に変換（エンコード）することで、機械学習で直接取り扱うことができるようになります

図3.2　カテゴリ変数

回の場合はBCC、FCC、HCPの3列）を作成し、該当するカテゴリに1、それ以外には全部0を入力することで、カテゴリ変数を表現します。こうすることでBCC、FCC、HCPの違いを数値で表現することができますので、このまま機械学習に放り込むことができますね。ただし、データの次元が増えてしまう（今回の場合は結晶構造を表現するのに3次元も使わなくてはならない）のが欠点です。

　次にダミーエンコーディングの説明をします（図3.2中央）。変数が全部0のみで構成されるカテゴリを用いて、One-hotエンコーディングから次元を1つ減らします。図3.2中央の例では、「FCCおよびBCCの変数が両方とも0であることはHCPを表します」、ということにして、HCPの列を使わないで済ませています。次元が減らせると、過学習および計算時間の観点から都合がよくなりますよね。

　最後にラベルエンコーディングです（図3.2右）。この手法では、単純に各カテゴリに数値を割り振ります。例えば、BCCは1、FCCは2、HCPは3という風に割り振って、カテゴリ変数を数値化します。メリットは、一次元しか使わなくて済む点です。一方、デメリットは、ラベルの数値の大小に意味が含まれてしまう点です。例えば、今回のようにBCCは1、FCCは2、HCPは3というように割り振ってしまうと、「BCC（1）とFCC（2）は似てるけど、BCC（1）

とHCP（3）はあまり似てないよ」という意味や、「BCC（1）とHCP（3）を平均するとFCC（2）になるよ」という意味が付加されてしまいます。今回の結晶構造の場合は、そんな変な意味を持たせてはいけないので、ラベルエンコーディングはあまり向いているとは言えませんね。カテゴリ変数に関しては、本書でも第4章4.2項で具体的に取り扱います。

　このように、数値になっていないデータは機械学習で取り扱うことが大変なので、事前に数値に変換（エンコード）することが多いです。材料開発分野においてこのようなエンコードの代表的な事例は、分子構造のエンコードです。例えばアラニンという分子を考えてみましょう。「アラニン」という文字列やその分子式をそのまま機械学習に放り込むのはちょっと大変です（そういった研究もたくさんありますが）。そのため、普通は分子の情報を機械学習が読み込みやすい何らかの形式に変換してから使います（**図3.3**）。

　例えばSMILESという表記法があります。Simplified Molecular Input Line Entry Systemの頭文字をとってSMILESです。一定のルールに従って化学構造を文字列へと変換していきます。例えば、「水素は省略する」とか「隣接原子は隣に記す」とか「二重結合は"＝"で、三重結合は"#"で表す」とか「分岐構造は括弧（ ）で表現する」とかのルールに従って文字列に変換します。細かく考えるといろいろな種類（ルール）のSMILES表記があります。初学者の方はこの辺のルールを細かく全部覚える必要はあまりありませんが、いざ使うときになったら自分が使っているSMILESのルールや特徴くらいはある程度覚えておいたほうが良いです。分子構造をSMILESに変換して使うだけなら、すでにいろいろなソフトウェアが出回っていますので、それを使うだけで基本的には問題ありません。例えば『RDKit』というソフトが有名です[1]。RDKitはケモインフォマティクス分野で用いられる代表的なPythonでのオープンソースライブラリで、SMILES作成だけではなく色々なことができます。分子系を取り扱いたいのであれば是非とも習得したいライブラリの一つです。最近では日本語のドキュメントも登場しています[2]。SMILES変換によって分子を一列の文字列にしてしまえば、あとは機械学習で予測モデルを作ったり[3]-[8]、生成モデルを作ったり[9]-[14]、類似度の判定やクラスタリングをしたり[15]-[17]、といろいろなことができるようになります。

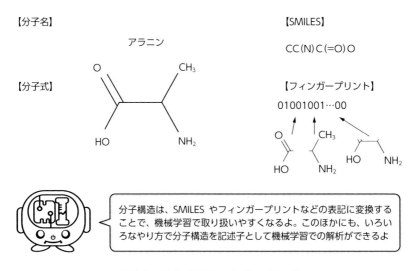

図3.3　SMILESやフィンガープリント

　SMILES以外の分子の表記としては、例えばフィンガープリントという表記方法があります。これは、分子を単純な数値の長いベクトルで表したもので、既定の部分構造の有無をバイナリベクトル（0 or 1）で表したり、部分構造の出現回数をカウントベクトル（出現回数の総数）で表したりしたものです。フィンガープリントにもいろいろな種類（ルールや作り方）があるのですが、この辺の細かい変換の仕方を初学者の方が覚える必要はあまりないと思います（慣れてきたら自分が使っているフィンガープリントのルールや特徴くらいは覚えておいた方がいいです）。ただ、SMILESの時と同様に、使うフィンガープリントの種類によって機械学習による解析の結果が大きく異なる可能性がある点については認識しておくべきです。フィンガープリントもSMILESと同様にRDkitなどのソフトを使えば簡単に作成することができます。フィンガープリントは単純な数値の並び（ベクトル）ですので、そのまま機械学習に放り込んで解析することが可能です。研究事例は非常にたくさんあります[18)-23)]。

　上で紹介しましたSMILESやフィンガープリントは、有機材料系で機械学習による解析をする際によく使われる記述子です。一方、無機材料系（金属や酸化物など）でよく使われる記述子としては、Magpie記述子[24)]やPymatgen記

Magpie 記述子（100 種類以上）

組成	平均原子量	平均融点	平均電気陰性度	p-valenceの平均電子数	d-valenceの平均電子数	…
$Co_{0.5}Cu_{0.2}Pd_{0.2}Au_{0.1}$	83.1564544	1654.897	2.014	0	8.5	…
$Si_{0.2}Co_{0.3}As_{0.3}Sn_{0.2}$	69.5155385	1295.816	1.99	1.7	7.1	…
$Si_{0.2}Ni_{0.3}Cs_{0.4}Pb_{0.1}$	97.10730076	1036.497	1.502	0.6	3.4	…
$Co_{0.3}Cs_{0.6}W_{0.1}$	115.8072296	1080.854	1.274	0	2.5	…
$Ca_{0.5}Fe_{0.3}W_{0.2}$	73.5605	1839.8	1.521	0	2.6	…
⋮	⋮	⋮	⋮	⋮	⋮	…

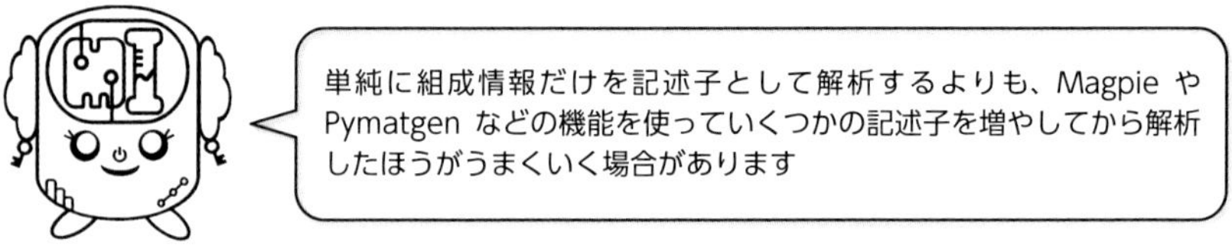

単純に組成情報だけを記述子として解析するよりも、Magpie や Pymatgen などの機能を使っていくつかの記述子を増やしてから解析したほうがうまくいく場合があります

図3.4　Magpie記述子

述子[25]などがあります。これらは、材料組成から算出することができる情報（平均原子量、平均原子半径、沸点、融点、valence bandの電子数、などなど多数）のことです。**図3.4**には、いくつかの合金組成に対して作成したMagpie記述子の極一部が記載されています。Magpieと呼ばれるオープンソースソフトウェアに、組成情報（図3.4の第1列）をインプットすると、Magpie記述子（図3.4の第2列以降）を自動的に作ってくれます。機械学習で扱うことができるデータを増やしてくれるわけです。仮に、組成情報のみを記述子とするだけではあまり良い機械学習モデルが構築できなかったとしても、このようにMagpieソフトなどを用いて記述子を増やしてから機械学習モデルを構築すると、良いモデルを構築できるようになることがあります（Pymatgenでも同様です）。MagpieやPymatgenでは、記述子を作成するだけでなく、MIにおいていろいろなことができますので、使い方を知っておいて損はありません。Magpie記述子やPymatgen記述子を使用した研究事例は非常にたくさんあります[26)~32)]。本書でも第4章4.2項で取り扱います。

(1) RDkit：Open-Source Cheminformatics Software, https://www.rdkit.org/

(2) RDkitドキュメンテーション，https://www.rdkit.org/docs_jp/

(3) X. Yang et al. ChemTS : an efficient python library for *de novo* molecular generation. Sci. Technol. Adv. Mater. 18, 1（2017）

(4) D. C. Elton et al. Deep learning for molecular design – a review of the state the art. Mol. Syst. Des. Eng. 4, 828-849（2019）

(5) G. Lambard et al. SMILES-X : autonomous molecular compounds characterization for small datasets without descriptors. Machine learning : Science and Technology. 1（2）, 025004（2020）

(6) S. Wu et al. Machine-learning-assisted discovery of polymers with high thermal conductivity using a molecular design algorithm. npj Comput. Mater. 5, 66（2019）

(7) H. Ikebata et al. Bayesian molecular design with a chemical language model. J. Comput. Aided Mol. Des. 31, 379-391（2017）

(8) L. Chen et al. Polymer informatics : Current status and critical next steps. Mater. Sci. Eng. R. 144, 100595（2021）

(9) J. A-Pous et al. Randomized SMILES strings improve the quality of molecular generative models. J. Cheminformatics 11, 71（2019）

(10) J. A-Pous et al. SMILES-based deep generative scaffold decorator for de-novo drug design. J. Chemiformatics. 12, 38（2020）

(11) Y. Bian et al. Generative chemistry : drug discovery with deep learning generative models. J. Mol. Model. 27, 71（2021）

(12) M. Moret et al. Generative molecular design in low data regimes. Nat. Mach. Intell. 2, 171-180（2020）

(13) E. J. Bjerrum et al. Improving Chemical Autoencoder Latent Space and Molecular De Novo Generation Diversity with Heteroencoders. 8（4）, 131（2018）

(14) A. Gupta et al. Generative Recurrent Network for *De Novo* Drug Design. Mol. Inform. 37, 1-2（2018）

(15) T. W. H. Backman et al. ChemMine tools : an online service for analyzing and clustering small molecules. Nucleic. Acids Res. 39, 2, 1（2011）

(16) D. Vidal et al. A Novel Search Engine for Virtual Screening of Very Large Database. J. Chem. Inf. Model. 46, 836-843（2006）

(17) H. Luo et al. Drug repositioning based on comprehensive similarity measures and Bi-Random walk algorithm. Bioinformatics 32, 17（2016）

(18) H. Yamada et al. Predicting Materials Properties with Little Data Using Shotgun Transfer Learning. ACS. Cent. Sci. 5, 1717-1730（2019）

(19) K. Kim et al. Deep-learning-based inverse design model for intelligent discovery of organic molecules. npj Comput. Mater. 4, 67（2018）

(20) S. Chhabra et al. Chemical Space Exploration of DprE1 Inhibitors Using Chemoinformatics and Artificial Intelligence. ACS Omega 6, 14430-14441（2021）

(21) W. Sun et al. Machine learning-assisted molecular design and efficiency prediction for high-performance organic photovoltaic materials. Sci. Adv. 5, 11 eaay4275（2019）

(22) A. M-Kanakkithodi et al. Scoping the polymer genome : A roadmap for rational polymer dielectrics design and beyond. Mater. Today 21, 7 785-796（2018）

(23) N. Schneider et al. Development of a Novel Fingerprint for chemical Reactions and Its Application to Large-Scale Reaction Classification and Similarity. J.Chem. Inf. Mol. 55, 39-53（2015）

(24) L. Ward et al. A general-purpose machine learning framework for predicting properties of inorganic materials. npj Comput. Mater. 2, 16028（2016）

(25) S. P. Ong et al. Python Materials Genomics（pymatgen）: A robust, open-source python library for materials analysis. Comput. Mater. Sci. 68, 314-319（2013）

(26) J. Schmidt et al. Predicting the Thermodynamic Stability of Solids Combining Density Functional Theory and Machine Learning. Chem. Mater. 29, 12, 5090-5103（2017）

(27) V. Stanev et al. Machine learning modeling of superconducting critical temperature. npj Comput. Mater. 4, 29（2018）

(28) Y. Zhang et al. A strategy to apply machine learning to small datasets in materials science. npj Comput. Mater. 4, 25（2018）

(29) Y. Zhao et al. Machine Learning-Based Prediction of Crystal Systems and Space Groups from Inorganic Materials Compositions. ACS Omega 5, 3596-3606（2020）

(30) Z. Cao et al. Convolutional Neural Networks for Crystal Material Property Prediction Using Hybrid Orbital-Field Matrix and Magpie Descriptors. Crystals 9 (4)191（2019）

(31) J. R. H-Simpers et al. A simple constrained machine learning model for predicting high-pressure-hydrogen-compressor materials. Mol.Syst. Des. Eng. 3, 509-517（2018）

(32) M. Witman et al. Extracting an Empirical Intermetallic Hydride Design Principle from Limited Data via Interpretable Machine Learning. J. Phys. Chem. Lett 11, 40-47（2020）

3.2 曲線データ

　次は、曲線になっているデータを取り扱う際の話をします。材料分野においては曲線になっているデータってたくさんありますよね。結晶構造の情報を持つ回折データ（XRD, etc.）、電子状態の情報を持つ光電子分光データ（XPS, UPS, AES, etc）やX線吸収データ（XAFS, XAS etc.）、分子振動の情報を持つラマン分光（Raman）や赤外分光（IR）などなど、例を挙げるときりがありません。第一原理計算などの材料シミュレーションからも曲線データはたくさん出てきます。状態密度（DoS）も曲線データといえば曲線データですよね。曲線も細かく見れば数値（スカラー）が並んでいるだけのベクトルですので、「数値データ」と「曲線データ」に分けて考える必要はあまりないのですが、それに応じて使用すべき機械学習の種類が変わることがあるので、本書では別々で記載しています。

例えばですが、回帰分析をするときのことを考えてみましょう。**図3.5**のように、とある吸収スペクトルデータを記述子としてなにかしらの材料特性を予測する機械学習モデルを構築する場合を考えてみます[1]。このような場合、普通は線形回帰系の手法はあまり使いません（使ってはダメというわけではないです）。吸収スペクトルの各点（説明変数）と材料特性（目的変数）の間には普通は強い非線形性がありますので、単純な線形回帰モデルを作っても、予測精度の高いモデルを構築できる可能性が非常に低いからです。また、多重共線性（Lv.1本の3.2）の観点からも線形回帰は都合が悪いです。吸収スペクトルなどの曲線データの各点の値は、その隣の点と強い相関があるはずですよね。例えば、吸収スペクトルにピークがあったときに、そのピークのド真ん中の吸収強度と、そのピーク中心から1 stepだけずれたところの（つまりすぐ隣の）吸収強度は、絶対値的にはどちらも大きいはずです。説明変数間の相関が大きい場合は、多重共線性のせいで不安定なモデルができてしまいます。これらの理由で、曲線データを説明変数に用いて回帰をする場合は線形回帰系の手法で

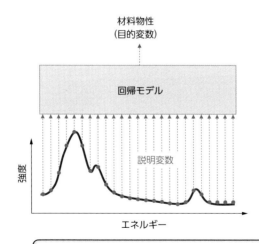

データの形状（数値、文字列、曲線、画像…… etc.）に応じて、使う機械学習モデルを適切に選ぶ必要があるよ。例えば、上のようなスペクトルを説明変数にしたい場合は、線形回帰系の機械学習はあんまり使われないよ。スペクトルのようなデータは非線形性が強いからね

図3.5　曲線データ（スペクトルデータ）を用いた回帰分析

はなく、非線形性の強いフレキシブルなモデルを構築することができるニューラルネットワークなどの機械学習手法を使うことが多いです[1]。このように、使用する説明変数の形状（数値、文字列、曲線、画像、……etc.）に応じて使う機械学習モデルは適切に選ばなければなりません。

　曲線データの解析には、回帰以外にも様々な機械学習手法が適応されます。例えば類似度解析やクラスター解析です（Lv.1本の3.8参照）。大量の曲線データがあった際に、それらに類似度解析やクラスター解析をかけて似た曲線をグループにまとめることでデータを整理し、解析を進めます。例として**図3.6**には、大量のXRDデータにクラスター解析を施している筆者の研究事例を示しています[2]。この例では、大量のXRDに非負値行列分解（NMF, Lv.1本の3.9参照）を施すことによって、一瞬で結晶構造の相図のようなものを作っています。XRDデータへの適応事例[3]-[5]の他にも、吸収スペクトル[1],[6],[7]、Raman[8]などなど、様々な曲線データに対して類似度解析やクラスター解析を施している研究があります。Lv.1本の3.8や3.9にも、曲線データのクラスター解析や類似度解析の事例が載っています。

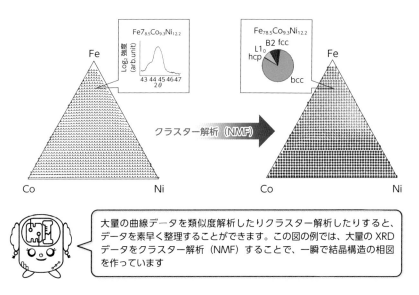

大量の曲線データを類似度解析したりクラスター解析したりすると、データを素早く整理することができます。この図の例では、大量のXRDデータをクラスター解析（NMF）することで、一瞬で結晶構造の相図を作っています

図3.6　XRDデータのクラスター解析（NMF）

　他の事例としては、機械学習を用いた曲線データのフィッティングの自動化があります[9),10)]。普通は何らかの曲線データが得られたら、まずはフィッティングを施して、そのフィッティングパラメータ（ピーク位置、ピーク強度、ピーク幅、etc.）から議論を深めていきますよね。ただ、このフィッティングは結構手間がかかり、初期値依存性などもあるので技術が必要です。特に、曲線データが大量に得られる実験（e.g. 放射光施設での二次元スペクトルマッピングなど）では、全部を手動でフィッティングするのは非常に大変です。そこを機械学習で自動化することによって、非常に効率的に曲線データの解析ができるようになっています[9),10)]。この研究に関しては後ほど第4章4.6項にてもう少し詳しく説明します。

　上記の事例は、スペクトルなどの曲線データの解析に機械学習を使用するものでした。これだけではなく、スペクトルデータを実験で効率的に取得するた

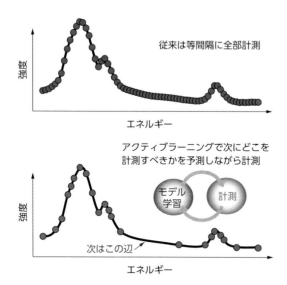

アクティブラーニングで、次に計測すべきポイントを予測しながら計測を進めることで、より少ない計測点および計測時間で所望のスペクトルを得られるよ。計測時間が限られている放射光施設なんかでは特に便利だね

図3.7　アクティブラーニングによる計測プロセスの最適化

めにも機械学習は使われています。普通はスペクトルデータを計測する際に
は、特定のエネルギー範囲に対して網羅的にかつ均等に（同じステップ幅で）
計測します（**図3.7**上）。計測時間を短縮したい場合は、事前に我々人間が、
ピークがありそうな場所を予測して、ピーク周辺は密に、そうでない部分は疎
に計測するようにしてましたよね。これが最近ではベイズ最適化などのアク
ティブラーニングを使うことによって、次にどこを計測すべきか（スペクトル
の場合はどのエネルギーで計測をすべきか）を機械学習で予測しながら計測を
進め、より少ない計測点および計測時間で所望のスペクトル形状のデータを得
ることができるようになっています[11)-13)]。

　このように曲線データに機械学習を適応した事例は山ほどあります。本書で
はいくつかの具体的な事例を後ほど紹介します（第4章4.5項と4.6項）。

(1) T. Mizoguchi et al. Machine learning approaches for ELNES/XANES. Microscopy 69, 2 92-109（2020）

(2) Y. Iwasaki et al. Predicting material properties by integrating high-throughput experiments, high-throughput ab-initio calculations, and machine learning. Sci. Technol. Adv. Mater. 21, 1（2020）

(3) Y. Iwasaki et al. Comparison of dissimilarity measures for cluster analysis of X-ray diffraction data from combinatorial libraries. npj Comput. Mater. 3, 4（2017）

(4) A. G. Kusne et al. On-the-fly machine-learning for high-throughput experiments：search for rare-earth-free permanent magnets. Sci. Rep. 4, 1-7（2014）

(5) V. Stanev et al. Unsupervised phase mapping of X-ray diffraction data by nonnegative matrix factorization integrated with custom clustering. npj Comput. Mater. 4, 43（2018）

(6) S. Kiyohara et al. Data-driven approach for the prediction and interpretation of core-electron loss spectroscopy. Sci. Rep. 8, 13548（2018）

(7) Y. Suzuki et al. Automated estimation of materials parameter from X-ray absorption and electron energy-loss spectra with similarity measures. npj Comput. Mater. 5, 39（2019）

(8) J. N. Taylor et al. High-Resolution Raman Microscopic Detection of Follicular Thyroid Cancer Cells with Unsupervised Machine Learning. J. Phys. Chem. B 123, 4358-4372（2019）

(9) T. Matsumura et al. Spectrum adapted expectation-maximization algorithm for high-throughput peak shift analysis. Sci. Technol. Adv. Mater. 20：1, 733-745（2019）

(10) T. Matsumura et al. Spectrum adapted expectation-conditional maximization algorithm for extending high-throughput peak separation method in XPS analysis. STAM methods 1, 1（2021）

(11) T. Ueno et al. Adaptive design of an X-ray magnetic circular dichroism spectroscopy experiment with Gaussian process modelling. npj Comput. Mater. 4, 4（2018）

(12) Y. K. Wakabayashi et al. Improved adaptive sampling method utilizing Gaussian process regression for prediction of spectral peak structures. Appl. Phys. Express 11, 112401 (2018)
(13) T. Ueno et al. Automated stopping criterion for spectral measurements with active learning. npj Comput. Mater. 7, 139 (2021)

3.3 画像データ

　数値データ、曲線データときたら次は画像データです。画像データも基本的には数値が並んでいるだけであって、数値データ（スカラー）や曲線データ（ベクトル）に対して次元が上がっているだけ（グレースケールであれば行列、カラースケールならばテンソル）です。ただ、使われる機械学習の手法が結構異なりますので、ここでは一応分けて考えます。

　材料分野では様々なデータが画像として得られます。材料構造データ（光学顕微鏡, SEM, TEM, STM, AFM, PEEM, etc.）、電子線回折イメージ（LEED, RHEED, etc.）、スペクトルマッピングなどの走査型実験、などなど、例を挙げればこちらもキリがありません。当然シミュレーションからも様々な画像データが得られますし、バンド構造も見方によれば画像データです。

　さて、画像データから何かを予測する機械学習モデルを作りたい場合、最もよく使われる手法の一つに畳み込みニューラルネットワーク（Convolutional Neural Network；CNN）があります。CNNは多くの方が研究を進めており、非常に奥が深いです。Lv.1本では少ししか触れなかったですし、筆者自身もよく使う手法なので色々と書きたくなってしまうのですが、書籍のボリューム的に厳しいのでグッとこらえて、ここでは簡単なイメージだけ記載します。詳細はWebで「CNN」や「Convolutional Neural Network」と検索すれば、非常にわかりやすいページがたくさん出てくるので、そちらでお願いします。

　CNNの簡単な説明する前に、普通の全結合のニューラルネットワークで画像から材料特性を予測する際のイメージを記載します（**図3.8**）。今回、画像は約30万ピクセル（縦480×横640）のグレースケールを想定します。なのでデータとしては480行640列の行列に白黒の濃淡を表す数値が入っているイ

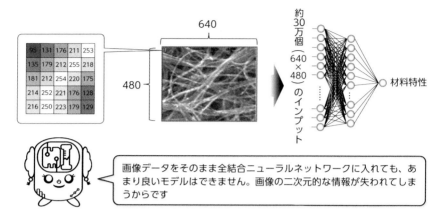

図3.8　画像データをインプットとして全結合NNで単純にモデルを作るとあまりうまくいかない（SEM画像提供：AIST　室賀駿先生）

メージです。この画像データに普通の全結合のニューラルネットワークを適応する場合、各ピクセルの値を一つの説明変数としてモデルを構築します。つまり全部で約30万個（640×480）ものインプットデータがある状態です。これで回帰モデルを作成すると、一応ある程度は予測できることもありますが、あまり良い予測性能は出ません。なぜあまり良くないかというと、各ピクセルを独立に扱っているため、画像としての二次元的な情報が失われてしまっているからです。画像の場合、隣同士のピクセルなど、近い場所にあるピクセルの値には強い相関がありますよね。例えば、白いピクセルの隣のピクセルは、高確率で白っぽいです。全結合のニューラルネットワークで単純にモデルを作ってしまうと、その情報をうまく使うことができていません。

　CNNでは、画像の二次元的な情報を残しつつ画像データを圧縮していき、最後に全結合のニューラルネットワークで回帰モデルや分類モデルを構築します（**図3.9**）。畳み込み層では、複数のカーネル（フィルタ）をスライドさせながらスキャンしていくように画像を圧縮させます。例えば、図3.9の左下のように3×3のカーネルで畳み込みを行う場合を考えてみましょう。まず、画像データの左上の赤い3×3の領域とカーネルの各要素の積の和を計算します。この場合、

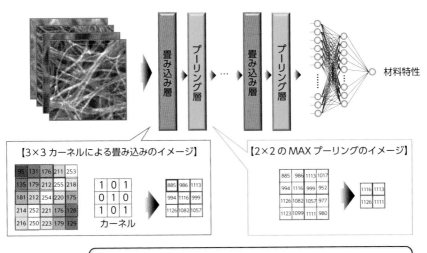

畳み込みニューラルネットワーク（CNN）の大雑把なイメージだよ。畳み込み層とプーリング層で二次元的な情報を保ちながら情報を圧縮して、最後に全結合ニューラルネットワークで回帰したり分類したりするよ。他にも色々な細かい技があるから、使う前に別の参考書やライブラリマニュアルで勉強してから使ってね

図3.9　畳み込みニューラルネットワーク（CNN：Convolutional Neural Network）
　　　　（SEM画像提供：AIST　室賀駿先生）

$$(95 \times 1) + (131 \times 0) + (176 \times 1) + (135 \times 0) + (179 \times 1) + (212 \times 0) + (181 \times 1) +$$
$$(212 \times 0) + (254 \times 1) = 885$$

ですね。カーネルをスライドさせながらこの作業を繰り返してその値を並べることで、少し情報が圧縮された画像のようなデータ（特徴マップ）を作ります。プーリング層では、もっと単純に画像を圧縮します。図3.9の右下のように4×4の特徴マップがあった場合を考えてみましょう。この図では2×2のサイズで分割して、その各領域の最大値のみを取り出すことによってデータを圧縮しています（MAXプーリング）。

　このように、畳み込みとプーリングを（複数回）施すことによって、画像の二次元的な情報を保ちつつ圧縮していきます。入力層に近い層では画像の微細な構造をとらえており、反対に出力層に近い側の層では全体的な（抽象的な）

特徴をとらえているモデルができあがります。最後にここから得られたデータを全結合のニューラルネットワークに放り込んで回帰や分類をする、というのがCNNの大雑把なイメージです。

　ついでなので生成モデルの大雑把なイメージもここで簡単に説明します。生成モデルの超簡単な例として、**図3.10**にオートエンコーダー（AutoEncoder; AE）[1]のイメージを描きました。オートエンコーダー自体はLv.1本でも少しだけ触れましたね。インプットとアウトプットが同じ構造のニューラルネットワークを学習させることで、次元を圧縮する手法です。図3.10では、中心に描かれている潜在変数Z（ピンク色で記載）のところに画像の情報を圧縮しています。このモデルの左側はエンコーダー（次元圧縮モデル）、右側はデコーダー（生成モデル）として使うことができます。デコーダー（生成モデル）に注目してみると、仮に潜在変数Zのところに適当な数値をインプットすると、それに合わせて適当な画像を生成してくれるのが分かると思います。これが、生成モデルの非常に大雑把なイメージの一例です。ただし、図3.10のような単純なオートエンコーダーから画像を生成しても、基本的にはボヤっとした変な画像しか生成されません。実際に使うときにはもっと高度で精度の良い手法を使いましょう。潜在変数Zを確率分布に落とし込んでいる変分オートエンコー

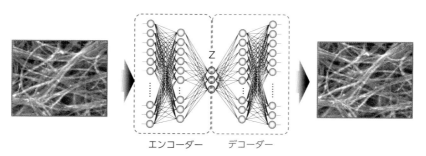

エンコーダー　　　デコーダー

圧縮された中間層 Z に適当な数値を入れると、それに合わせて適当な画像を生成します。材料科学分野では、単純な画像生成モデルとしてだけでなく、例えば SMILES を使って分子生成モデルを作るといったように、様々な用途で使われています

図3.10　生成モデルの大雑把なイメージ（SEM画像提供：AIST　室賀駿先生）

ダー（VAE：Variational AutoEncoder)[2]、CNNを用いた畳み込みオートエン
コーダー（CAE：Convolutional AutoEncoder)[3]、生成モデル（Generator）
と、そこから生成されたものが本物か偽物（生成モデルで作られたもの）かを
見分ける識別モデル（Discriminator）を、対立させながら学習を進める敵対
的生成ネットワーク（GAN：Generative Adversarial Networks)[4]など様々な
技術があります。GANに関しては第4章4.8項で実際の材料開発への応用事例
とともに、もう少し詳しく説明します。

　さて、この辺を書き始めると、説明したいこと（説明しなければならないこ
と）が多すぎて筆が止まらなくなるのでこの辺で止めておいて、材料開発の方
に早く話を戻したいと思います。CNNや生成モデルは、他の機械学習手法と
同様にライブラリやパッケージが充実していますので、基本的には我々はそれ
を使えばよいです。有名なところで言えばGoogle製のTensorFlow[5]、
Facebook製のPyTorch[6]などです。ただ、本書で言及できていない技術がた
くさんありますし、ハイパーパラメータ（畳み込み層の深さ、フィルタの形
状、全結合層のノード数、Dropout率、学習率……）もたくさんあるので最初
は手こずると思いますが、実際に手を動かしながらライブラリのドキュメント
を見たりネットで調べたりしながら勉強すればすぐに慣れると思います。

　CNNを使って材料開発分野の画像データを解析した研究は非常にたくさん
あります。SEMのような顕微鏡画像からイオン電導度を予測したり[7]、電子状
態密度の画像からエネルギーを予測したり[8]、その他さまざまな研究において
CNNは活躍しています[9]-[14]。また、CNNは画像データだけでなく、スペクト
ルのような曲線データとも相性が良いです。スペクトルデータも隣り合った
データ点同士は似たような値を持ちます（e.g. ピークの値と、そのすぐ隣の値
はどちらも大きな値をもつ）ので、この情報を畳み込むことによってモデルの
精度を上げることができます[15]-[17]。生成モデルもたくさんの応用事例がありま
す[18]-[24]。ここに挙げた参考文献を見るとわかる通り、図3.10のような単純な
オートエンコーダーは精度が悪すぎて生成モデルとしてはほぼ使われておら
ず、VAEやGANをベースとした手法が主流です。材料画像の生成だけではな
く[24]、未知の分子構造や材料組成を新たに生成する、いわゆる材料の逆設計
（Inverse design）として使われることが多いですね[18]-[23]。

　さて、ここまではニューラルネットワークベース（NNベース）であるCNN
や生成モデルなどの話をしました。画像データ応用ではNNベースモデルが主
流ですが、材料分野では必ずしも「画像＝NNベースモデル」というわけでは
ありません。NNベースモデルは多くのパラメータを使いますので、非常に多
くの学習用の画像データが必要です。しかし、材料分野では大量の画像データ
が得られないことが多いです。例えば、実験で所望の画像データ（SEMや
TEMなど）を1万枚集めるのは、現在の技術では非常に大変ですよね。また、
材料分野では画像データの水増し（Data Augmentation）が難しい場合も多い
です。この画像データの水増しとは、画像の回転・拡大・縮小などをして学習
用の画像データを増やす作業のことです。例えば写真などの画像データから犬
と猫の分類をするCNNモデルを作りたい場合を考えてみましょう。犬が映っ
ている一枚の画像データを回転させたり拡大させたり縮小させたりして、たく
さんの画像データを作りだし、学習データを増やすことができます。回転させ
ても拡大しても縮小しても犬が犬であることに変わりはないので特に問題はあ
りません。ただ、材料分野では回転・拡大・縮小などをすると意味が変わって

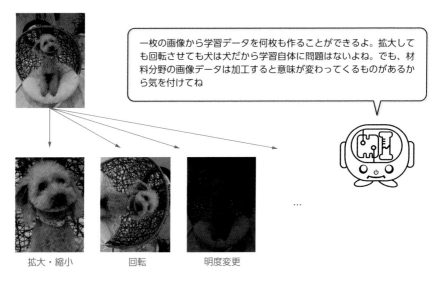

一枚の画像から学習データを何枚も作ることができるよ。拡大して
も回転させても犬は犬だから学習自体に問題はないよね。でも、材
料分野の画像データは加工すると意味が変わってくるものがあるか
ら気を付けてね

拡大・縮小　　　　回転　　　　明度変更

図3.11　データ拡張（DA：Data Augmentation）

きてしまうデータが多いので、このデータ水増し作業が難しい場合が多いです。例えば、固体表面の周期性を反映するLEEDやRHEEDの画像を回転させてしまうと別の意味になったり、または意味をなさなくなったりしてしまう可能性があります。そのため、材料に関わる画像データの水増し作業をする際には気を付ける必要があります。

　そのため、少量の画像データをNNベースの機械学習を使わずに何とか解析しようという研究が材料開発分野では盛んにおこなわれています。例えばRHEED画像に主成分分析（Lv.1本の3.11）やクラスター解析（Lv.1本の3.8）を施したり[25]、磁区構造画像からパーシステントホモロジー（Lv.1本の3.12）でトポロジーに関する特徴量を抽出したり[26]、STEMのイメージデータを非負値行列分解（Lv.1本の3.9）によって解析したり[27], [28]と、たくさんの研究事例があります。

(1) G. E. Hinton et al. Reducing the Dimensionality of Data with Neural Networks. Science 313, 5786, 504-507 （2006）

(2) D. P. Kingma et al. Auto-Encoding Variational Bayes. arXiv：1312.6114,v10 （2014）

(3) X. Guo et al. Deep Clustering with Convolutional Autoencoders. Proc. Int. Conf. Neural Inf. Process, 373-382 （2017）

(4) I. Goodfellow et al. Generative Adversarial Nets. Proc. Int. Conf. Neural Inf. Process. Syst., 2672-2680 （2014）

(5) TensorFlow, https://www.tensorflow.org/

(6) PyTorch, https://pytorch.org/

(7) R. Kondo et al. Microstructure Recognition Using Convolutional Neural Networks for Prediction of Ionic Conductivity in Ceramics. Acta Materialia, 141, 29-38 （2017）

(8) S. Kajita et al. A Universal 3D Voxel Descriptor for Solid-State Material Informatics with Deep Convolutional Neural Networks. Sci. Rep. 7, 16991 （2017）

(9) Y. Li et al. Convolutional neural network-assisted recognition of nanoscale $L1_2$ ordered structures in face-centred cubic alloys. npj Comput. Mater. 7, 8 （2021）

(10) Y. Uesawa. Quantitative structure-activity relationship analysis using deep learning based on a novel molecular image input technique. Bioorg. Med. Chem. Lett. 28, 20, 3400-3403 （2018）

(11) B. Lim et al. A convolutional neural network for defect classification in Bragg coherent X-ray diffraction. npj Comput. Mater. 7, 115 （2021）

(12) H. Dong et al. A deep convolutional neural network for real-time full profile analysis of big powder diffraction data. npj Comput. Mater. 7, 74 （2021）

(13) W. A. Saidi et al. Machine-learning structural and electronic properties of metal halide perovskites using a hierarchical convolutional neural network. npj Comput. Mater. 6, 36 （2020）

(14) S. Zeng et al. Atom table convolutional neural networks for an accurate prediction of compounds properties. npj Comput. Mater. 5, 84（2019）

(15) J. Liu et al. Deep convolutional neural networks for Raman spectrum recognition：a unified solution. Analyst 142, 4067-4074（2017）

(16) M. Umehara et al. Analyzing machine learning models to accelerate generation of fundamental materials insights. npj Comput. Mater. 5, 34（2019）

(17) F. Oviedo et al. Fast and interpretable classification of small X-ray diffraction datasets using data augmentation and deep neural networks. npj Comput. Mater. 5, 60（2019）

(18) Y. Dan et al. Generative adversarial networks（GAN）based efficient sampling of chemical composition space for inverse design of inorganic materials. npj Comput. Mater. 6, 84（2020）

(19) T. Long et al. Constrained crystals deep convolutional generative adversarial network for the inverse design of crystal structures. npj Comput. Mater. 7, 66（2021）

(20) A. G-Lombardo et al. Pores for thought：generative adversarial networks for stochastic reconstruction of 3D multi-phase electrode microstructures with periodic boundaries. npj Comput. Mater. 6, 82（2020）

(21) B. S-Lengeling et al. Inverse molecular design using machine learning：Generative models for matter engineering. Science 361, 6400, 360-365（2018）

(22) Y. Bian et al. Generative chemistry：drug discovery with deep learning generative models. J. Molecular Modeling 27, 71（2021）

(23) E. Kim et al. Virtual screening of inorganic materials synthesis parameters with deep learning. npj Comput. Mater. 3, 53（2017）

(24) T. Honda et al. Virtual experimentations by deep learning on tangible materials. Commun. Mater. 2, 88（2021）

(25) S. R. Provence et al. Machine learning analysis of perovskite oxides grown by molecular beam epitaxy. Phys. Rev. Materials 4, 083807（2020）

(26) T. Yamada et al. Visualization of Topological Defect in Labyrinth Magnetic Domain by Using Persistent Homology. Vacuum and Surface science 62, 3, 153-160（2019）

(27) Y. Nomura et al. Quantitative *Operando* Visualization of Electrochemical Reactions and Li Ions in All-Solid-State Batteries by STEM-EELS with Hyperspectral Image Analyses. Nano Lett. 18, 5892-5898（2018）

(28) M. Shiga et al. Sparse modeling of EELS and EDX spectral imaging data by nonnegative matrix factorization. Ultramicroscopy 170, 43-59（2016）

3.4 グラフデータ

　さて、ここではグラフデータについて簡単に説明します。グラフと聞くと一般の人が思い浮かべるものは、棒グラフや円グラフや折れ線グラフだと思いま

すが、それとはちょっと違います。ここでいうグラフデータとは、頂点（ノード）と辺（エッジ）と特性（プロパティ）で構成されるデータ構造のことです。**図3.12**に示すような、人と人とのつながりを可視化したグラフデータが、皆さんにとってはイメージが湧きやすいのではないでしょうか（適当に作った架空のものです）。各ノードが人、人と人とのつながりがエッジ、イニシャルがプロパティということになります。SNSのデータを可視化する際にはよくこんな感じの図を見ますよね。

　グラフデータには複数の種類があります。図3.12のグラフデータは無向グラフと呼ばれます。エッジはつながりの有無を示すだけで特に向きはない（Undirected Edge）です。一方、向きの情報が含まれるエッジ（Directed Edge）、つまり矢印で表されているグラフデータは、有向グラフと呼ばれています。さらに、エッジに重み（結合や流れの強さ）があるものは、重み付きグラフデータ（重み付き無向グラフ、重み付き有向グラフ）と呼ばれます。

　グラフデータの表現（隣接行列や隣接リストや次数行列）や探索アルゴリズム（深さ優先探索や幅優先探索）やグラフニューラルネットワーク（GNN）など、説明したいことが山ほどありますが、本書では、「グラフとはノードとエッジで表現されたデータ構造である」ということだけを理解して材料開発の

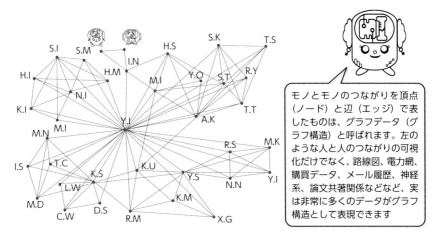

モノとモノのつながりを頂点（ノード）と辺（エッジ）で表したものは、グラフデータ（グラフ構造）と呼ばれます。左のような人と人のつながりの可視化だけでなく、路線図、電力網、購買データ、メール履歴、神経系、論文共著関係などなど、実は非常に多くのデータがグラフ構造として表現できます

図3.12　グラフデータの例（人と人とのつながり可視化）

話に進みましょう（詳しく知りたい方はWebで検索すればわかりやすいHPがたくさんヒットしますし、さらに知りたい方はこの辺の参考文献を年代順に読めばなんとなく雰囲気が分かるかと思います[1]-[11]）。

　さて、材料開発においてグラフ構造で表せそうなものを考えたとき、パッと思いつくものが1つありますよね。そう、分子構造です。原子をノード、結合をエッジとして定義すれば、グラフ構造として表現できますね。各ノードの部分には原子に関する情報（原子番号・電子配置・電荷・スピンなど）を持たせ、エッジの部分には結合に関する情報（結合の種類・距離・など）を持たせることによって、グラフ構造で表現できます（この辺の表現の仕方は様々です）。数値になっているので、ここから機械学習などでいろいろな解析をすることができます。

　さて、グラフデータの解析手法の話に行きます。もともとグラフは、ノードとエッジを使用してネットワーク型の最適化問題を解くために使用されることが多かったのです。例えば、ネットワーク上の始点（Source）から終点（Sink）まで流すことができる量の最大値を求める最大流問題は、配送や通信の最適化によく使われますね。この他にも、最小木問題、最短経路問題、最小費用流問題、割当問題など様々あります。グラフ構造にするメリットの一つは、グラフ構造に落とし込むことができれば、このあたりの手法をそのまま応用すること

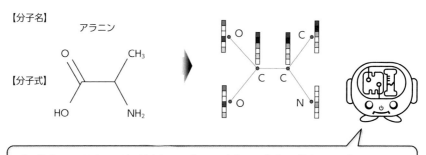

図3.13　分子はグラフデータとして表すことができる

ができるという点にあります。ただ、本書ではこの辺の話を全部すっとばして、グラフニューラルネットワーク（GNN）の話をしようと思います。

　GNNは、グラフデータをインプットとして使うニューラルネットワークです。解くべき問題（タスク）によっていくつかの種類に分けられます。各グラフがどのような特性を持っているか予測するグラフ分類問題やグラフ回帰問題、各ノードがどのような特性を持つか予測するノード分類問題、各ノード間に接続があるかどうかを予測するリンク予測問題などがあります。また、手法によってもいくつかの種類に分けることができます。再帰的な構造を持つグラフ再帰型ニューラルネットワーク（Graph Recurrent Neural Network；GRN）[1), 13)-15)]、畳み込み構造を持つグラフ畳み込みニューラルネットワーク（Graph Convolutional Network；GCN）[2), 6), 7), 10), 16)-39)]、グラフ構造のオートエンコーダーであるグラフオートエンコーダ（Graph Autoencorder；GAE）[40)-51)]などです。この辺りを全部説明するのは本書の分量的に厳しいので、ここでは材料開発分野でよく使われるGNNでグラフ回帰をする場合の超大雑把なイメージだけを簡単に説明します。

　CNNとGNNは、大雑把なイメージは似ているので、それらを並べて描いてみました。まずCNNのおさらいです（**図3.14**左）。CNNは、畳み込み層やプーリング層によって2次元的に画像の情報を集約しながら特徴量を作成し、そこから全結合のニューラルネットワークなどで回帰や分類をします（第3章3.3項）。今回のGNNも基本的な流れはCNNと一緒です。グラフの畳み込みでは、隣接するノードから情報を集約する作業（Aggregate）と、そこで集約した情報からノードの情報を更新する作業（Combine）と、そこから最終的に特徴量（固定長のベクトル）を作成する作業（Readout）をします。そして、その特徴量から全結合のニューラルネットワークなどで回帰や分類をするのがGNNの大雑把なイメージです。普通の全結合ニューラルネットワークだけですと、大きいグラフデータ（原子の数が多い大きな分子）と小さなグラフデータ（原子の数が少ない小さな分子）は、インプットの次元が違うので同時に扱えませんよね。でも、グラフの畳み込みによって固定長のベクトルにしてしまえば、どんな次元のインプット（どんな大きさの分子）でも扱うことができます。

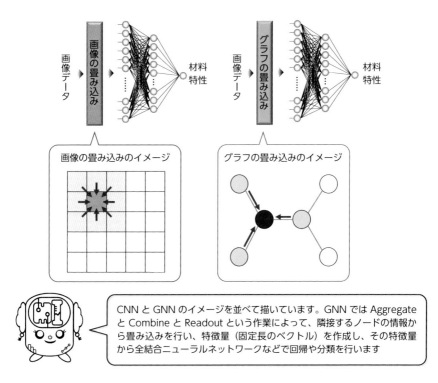

図3.14　グラフニューラルネットワーク（GNN：Graph Neural Network）の大雑把な
イメージ

　GNNはライブラリが整備されていますので、使うだけであれば初学者でもで
きます。例えば、PyTorchのDeep Graph Library[52]やPyTorch Geometric[53]、
TensorFlowのGraphnets[54]などが有名です。ただ、GNNも他の機械学習と同
様に、実際に使う際には他の参考書やライブラリのドキュメントできちんと勉
強してから使うようにしましょう。材料分野のグラフデータセットがいくつか
公開されていますので、この辺を使って実際にGNNを使いながら勉強するの
が良いかと思います[55]−[61]（基本的には、先ほど紹介したGNNライブラリには、
何かしらのデータセットが用意されているので、それを使えばよいです）
　グラフ構造データを材料開発で応用した事例はたくさんあります。低分子化
合物（QM9データセット[60]）をGNNで解析して、HOMO/LUMOエネルギー

やエンタルピーやバンドギャップや振動エネルギーなどを予測するモデルを作ったり[23]、グラフ構造の深層生成モデル（MolGAN）を作ったり[50]、化学化合物のデータセットMUTAG[57]、PCT[59]、NCI1[56]を用いて予測モデルを作ったり[22]、たんぱく質のデータセットD&D[58]、PROTEIN[62]、を使って予測モデルを作ったり[63]と、その他にもたくさんの事例があります[15],[21],[24],[25],[34],[64]-[67]。また、上記ではインプットデータが基本的に分子構造であるものを紹介していますが、当然これだけではありません。例えば、材料プロセスや材料物性などの情報を全部ひっくるめてグラフとして表現し、そこからさまざまな予測を行うこともできつつあります[68]。グラフ表現は、実は非常に汎用性が高いので、アイデア次第で様々な情報をグラフとして表現して機械学習で解析することができます。

(1) F. Scarselli et al. The Graph Neural Network Model. IEEE Trans. Neural Netw. 20, 1 61-80 (2009)
(2) J. Bruna et al. Spectral networks and locally connected networks on graphs. Preprint arXiv：1312.6203v3 (2014)
(3) B. Perozzi et al. Deep Walk：online learning of social representations. KDD 701-710 (2014)
(4) J. Tang et al. LINE：Large-scale Information Network Embedding. WWW 1067-1077 (2015)
(5) A. Grover et al. node2vec：Scalable Feature Learning for Networks. KDD 855-864 (2016)
(6) M. Defferrard et al. Convolutional Neural Networks on Graphs with Fast Localized Spectral Filtering. NIPS 29 (2016)
(7) T. N. Kipf et al. Semi-Supervised Classification with Graph Convolutional Networks. in Proc. of ICLR (2017)
(8) Y. Li et al. Gated Graph Sequence Neural Networks. Preprint arXiv：1511.05493v4 (2017)
(9) H. Wang et al. GraphGAN：Graph Representation Learning With Generative Adversarial Nets. AAAI 32 (1) (2018)
(10) K. Xu et al. How Powerful are Graph Neural Networks? in Proc. of ICLR (2019)
(11) Z. Wu et al. A Comprehensive Survey on Graph Neural Networks. Preprint arXiv：1901.00596v4 (2019)
(12) J. Zhou et al. Graph neural networks：A review of methods and applications. AI Open 1, 57-81 (2020)
(13) C. Gallicchio et al. Graph Echo State Networks. IJCNN. IEEE, 1-8 (2010)
(14) Y. Li et al. Gated Graph Sequence Neural Networks. in Proc. of ICLR (2015)
(15) H. Dai et al. Learning Steady-States of Iterative Algorithms over Graphs. in Proc. of

ICML, 1106-1114 (2018)

(16) M. Henaff et al. Deep Convolutional Networks on Graph-Structured Data. Preprint arXiv arXiv : 1506.05163 (2015)

(17) R. Levie et al. CayleyNets : Graph Convolutional Neural Networks with complex rational spectral filters. IEEE Transactions on Signal Processing, 67, 1, 97-109 (2019)

(18) R. Li et al. Adaptive Graph Convolutional Neural Networks. in Proc. of AAAI, 3546-3553 (2018)

(19) C. Zhuang et al. Dual Graph Convolutional Networks for Graph-Based Semi-Supervised Classification. in WWW, 499-508 (2018)

(20) A. Micheli, Neural network for graphs : a contextual constructive approach. IEEE Transactions on Neural Networks, 20, 3, 498-511 (2009)

(21) J. Atwood et al. Diffusion-Convolutional Neural Networks. in Proc. of NIPS, 1993-2001 (2016)

(22) M. Niepert et al. Learning Convolutional Neural Networks for Graphs. in Proc. of ICML, 2014-2023 (2016)

(23) J. Gilmer et al. Neural Message Passing for Quantum Chemistry. in Proc. of ICML, 1263-1272 (2017)

(24) W. L. Hamilton et al. Inductive Representation Learning on Large Graphs, in Proc. of NIPS, 1024-1034 (2017)

(25) P. Velickovic et al. Graph Attention Networks. in Proc. of ICLR, 2018

(26) F. Monti et al. Geometric deep learning on graphs and manifolds using mixture model CNNs. in Proc. of CVPR, 5115-5124 (2017)

(27) H. Gao et al. Large-Scale Learnable Graph Convolutional Networks. in Proc. of KDD. ACM, 1416-1424 (2018)

(28) D. V. Tran et al. On Filter Size in Graph Convolutional Networks. in SSCI. IEEE, 1534-1541 (2018)

(29) D. Bacciu et al. Contextual Graph Markov Model : A Deep and Generative Approach to Graph Processing. in Proc. of ICML (2018)

(30) J. Zhang et al. GaAN : Gated Attention Networks for Learning on Large and Spatiotemporal Graphs. in Proc. of UAI (2018)

(31) J. Chen et al. FastGCN : Fast Learning with Graph Convolutional Networks via Importance Sampling. in Proc. of ICLR (2018)

(32) J. Chen et al. Stochastic Training of Graph Convolutional Networks with Variance Reduction. in Proc. of ICML, 941-949 (2018)

(33) W. Huang et al. Adaptive Sampling Towards Fast Graph Representation Learning. in Proc. of NeurIPS, 4563-4572 (2018)

(34) M. Zhang et al. An End-to-End Deep Learning Architecture for Graph Classification. in Proc. of AAAI (2018)

(35) Q. Li et al. Deeper Insights into Graph Convolutional Networks for Semi-Supervised Learning. in Proc. of AAAI (2018)

(36) Z. Ying et al. Hierarchical Graph Representation Learning with Differentiable Pooling. in Proc. of NeurIPS, 4801-4811 (2018)

(37) Z. Liu et al. GeniePath : Graph Neural Networks with Adaptive Receptive Paths. in Proc. of AAAI（2019）

(38) P. Velickovic et al. Deep Graph Infomax. in Proc. of ICLR（2019）

(39) W.-L. Chiang et al. Cluster-GCN : An Efficient Algorithm for Training Deep and Large Graph Convolutional Networks. in Proc. of KDD. ACM（2019）

(40) S. Cao et al. Deep Neural Networks for Learning graph Representations. in Proc. of AAAI, 1145–1152（2016）

(41) D. Wang et al. Structural Deep Network Embedding. in Proc. of KDD. ACM, 1225–1234（2016）

(42) T. N. Kipf et al. Variational Graph Auto-Encoders. NIPS Workshop on Bayesian Deep Learning（2016）

(43) S. Pan et al. Adversarially Regularized Graph Autoencoder for Graph Embedding. in Proc. of IJCAI, 2609–2615（2018）

(44) K. Tu et al. Deep Recursive Network Embedding with Regular Equivalence. in Proc. of KDD. ACM, 2357–2366（2018）

(45) W. Yu et al. Learning Deep Network Representations with Adversarially Regularized autoencoders. in Proc. of AAAI. ACM, 2663–2671（2018）

(46) Y. Li et al. Learning Deep Generative Models of Graphs. in Proc. of ICML（2018）

(47) J. You et al. GraphRNN : A Deep Generative Model for Graphs. Proc. of ICML（2018）

(48) M. Simonovsky et al. GraphVAE : Towards Generation of Small Graphs Using Variational Autoencoders, in ICANN. Springer, 412–422（2018）

(49) T. Ma et al. Constrained Generation of Semantically Valid Graphs via Regularizing Variational Autoencoders, in Proc. of NeurIPS, 7110–7121（2018）

(50) N. De Cao et al. MolGAN : An implicit generative model for small molecular graphs. ICML 2018 workshop on Theoretical Foundations and Applications of Deep Generative Models（2018）

(51) A. Bojchevski et al NetGAN : Generating Graphs via Random Walks. in Proc. of ICML（2018）

(52) Deep Graph Library, https://www.dgl.ai/

(53) PyTorch Geometric（PYG）, https://pytorch-geometric.readthedocs.io/en/latest/index.html

(54) Graph nets, https://github.com/deepmind/graph_nets

(55) M. Zitnik et al. Predicting multicellular function through multi-layer tissue networks. Bioinformatics, 33, 14, i190– i198（2017）

(56) N. Wale et al. Comparison of Descriptor Spaces for Chemical Compound Retrieval and Classification. Knowledge and Information Systems, 14, 3, 347–375（2008）

(57) A. K. Debnath et al. Structure-activity relationship of mutagenic aromatic and heteroaromatic nitro compounds. Correlation with molecular orbital energies and hydrophobicity. Journal of Medicinal Chemistry, 34, 2, 786–797（1991）

(58) P. D. Dobson et al. Distinguishing enzyme structures from non-enzymes without alignments. Journal of Molecular Biology, 330, 4, 771–783（2003）

(59) H. Toivonen et al. Statistical evaluation of the Predictive Toxicology Challenge 2000–

2001. Bioinformatics, 19, 10, 1183-1193（2003）

(60) R. Ramakrishnan et al. Quantum chemistry structures and properties of 134 kilo molecules. Scientific data, 1, 140022（2014）

(61) G. Chen et al. Alchemy：A Quantum Chemistry Dataset for Benchmarking AI Models. Preprint arXiv：1906.09427（2019）

(62) K. M. Borgwardt et al. Protein function prediction via graph kernels. Bioinformatics, 21, suppl 1, i47-i56（2005）

(63) M. Simonovsky et al. Dynamic Edge-Conditioned Filters in Convolutional Neural Networks on Graphs. in Proc. of CVPR（2017）

(64) V. Bapst et al. Unveiling the predictive power of static structure in glassy systems. Nat. Phys. 16, 448-454（2020）

(65) M. Tsubaki et al. Fast and Accurate Molecular Property Prediction：Learning Atomic Interactions and Potentials with Neural Networks. J. Phys. Chem. Lett. 9, 19 5733-5741 (2018)

(66) V. Fung et al. Benchmarking Graph Neural Networks for materials chemistry. npj Comput Mater. 7, 84（2021）

(67) D. K. Duvenaud et al. Convolutional Networks on Graphs for Learning Molecular Fingerprints. Adv. Neural. Inf. Process. Syst（NIPS2015）28, 2224-2232（2015）

(68) K. Hatakeyama-Sato et al. Integrating multiple materials science projects in a single neural network. Commun. Mater. 1, 49（2020）

3.5 その他のデータ

　これまでに、数値データ・文字列データ・曲線データ・画像データ・グラフデータについて簡単に説明してきました。しかし、世の中にはこれ以外にも色々なデータが存在します。文章データ・動画データ・音声データ・匂いデータ……などなど枚挙にいとまがありません。それら全てのデータが、材料開発に役立つ可能性を秘めています。

　例えば文章データを考えてみましょう。昔から材料研究者たちは研究成果を文章（論文）にして発表してきました。つまり、先人たちの材料に関する知の多くは、文章として蓄積されています。例えばGoogle Scholarに集約されている論文の数は莫大ですよね。もし1人の人間がGoogle Scholarに集約されている論文を全部読んで、その内容すべてを正確に理解できたとしたら、おそらく世界最高の研究者の一人になれると思います。ただ、人間1人がGoogle

Scholarの論文を網羅的に全部読んで理解するには、寿命がいくらあっても足りませんよね。しかし、コンピュータ（AI）ならそれができる可能性があるかもしれません。

自然言語処理（NLP：Natural Language Processing）と呼ばれる技術で、コンピュータが文章を処理することができるようになってきています[1)-6)]。一言でNLPと言ってもその技術範囲は様々あり、基礎的から応用的な技術、および単純（文字列処理）から複雑（意味処理）な処理と範囲は広いです（**図3.15**）。最近は文章の意味に踏み込んだ解析の精度が非常に向上しており、様々なことができるようになりました。皆さんになじみのある分野と言えば、機械翻訳でしょうか。例えばDeepLというツールで高精度な翻訳ができるようになっていますよね[7)]。このツールによって全く知らない言語（筆者の場合は中国語やドイツ語など）の文章もなんとなく理解できるようになり、取得できる情報が飛躍的に増加しました。

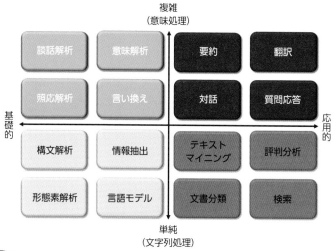

コンピュータに我々の言語を処理させる技術を自然言語処理（NLP）と言います。もしかしたら遠い将来、「Google Scholar の論文を全部読んで理解している最強の研究者 AI」ができるかもしれませんね

図3.15　自然言語処理（NLP：Natural Language Processing）

　これら NLP の技術を材料科学に応用する研究は盛んに行われています。例えば、材料科学論文のアブストラクトの文章から教師なし機械学習モデル（Word2Vec[8]）を構築して材料の特性を予測することが可能となっています[9]。コンピュータを使って論文を俯瞰的・網羅的に解析することで、今まで我々人間が気付くことができなかった知見を炙り出すことができるようになりつつあるのです。また、このような物性予測（マテインフォ）の分野だけではなく、プロセスインフォの分野でも NLP はキーテクノロジーと考えられています。現在、プロセスデータをきちんと蓄積してあるデータベースは少ないので、そこがプロセスインフォのボトルネックの一つになっています。論文にはプロセスに関する情報が（ある程度は）きちんと記録されているので、このプロセスデータを論文から NLP で抽出・蓄積する研究が活発に行われています[10]-[13]。

　上記では文章データの例を挙げましたが、将来的には他のデータだって材料開発をするうえで重要になってくるかもしれません。例えば、現在は研究発表の主な手段は論文ですが、今後は動画で研究内容を公開・説明する機会が増えるかもしれません。もしそうなったら動画データの解析技術が重要になってきそうです。他にも、もし実験設備の IoT 化が進んで温度・圧力・映像などの他に、振動・匂い・音などの情報が常時取得できるようになったら、そのあたりのデータ解析技術も必要になってくるかもしれません。もしかしたら匂いや音が材料予測や装置保守などに重要な情報になるかもしれないですからね。

　さて、筆者の妄想話はこの辺にして……。せっかく様々な種類のデータがあるという話をしたのでマルチモーダル学習（Multimodal Learning）[14]の話をしようと思います。マルチモーダル学習とは、複数種類のデータを使って学習することです。我々人間は普段からマルチモーダル学習をしています。例えばリンゴを認識する場合を考えてみましょう。**図 3.16** の左側のように遠くから眺めてリンゴを認識するのはシングルモーダルです。視覚のみを使ってリンゴを認識しています。この場合の認識精度はあまり高くありません。もしかしたらこのリンゴは本物とよく似た偽物（食品サンプル）かもしれないですよね。その判断は視覚だけでは難しいです。図 3.16 の右側のように、見ること（視覚）に加えて、匂いを嗅いでみたり（嗅覚）、食べてみたり（味覚）、触ってみたり

シングルモーダル

マルチモーダル

視覚

嗅覚　視覚

味覚　触覚

聴覚

それリンゴだよ

一つの情報から学習することをシングルモーダル学習、複数の情報から学習することをマルチモーダル学習と言うよ

図3.16　シングルモーダルとマルチモーダル

（触覚）、誰かの話を聞いてみたり（聴覚）すると、リンゴをより正しく認識することができます。これがマルチモーダル学習のイメージです。このように人間は、複数の情報を複合的に学習して物事を把握することができます。

　人間はマルチモーダル学習をしますが、我々が機械学習で解析する時はシングルモーダル学習になってしまうことが多いです。**図3.17**の上側のように数値データだけで学習モデルを作ったり、曲線データだけで学習モデルを作ったりすることが多いですよね。しかし、有用なデータであるならば、データ形式が違っても所有しているデータはなるべく使いたいものです。近年は深層学習系の技術の登場により、マルチモーダル学習がやりやすくなりました。CNN（第3章3.3項）やGNN（第3章3.4項）で説明したように、画像だろうがグラフだろうが、特徴量（固定長のベクトル）に落とし込むことができますので、その技術を使って異なる形式のデータを同じモデルで学習することができます（これ以外にも、マルチモーダル学習には様々なやり方があります[14]）

　材料開発の分野でも様々なやり方でマルチモーダル学習が取り入れられています。例えば、Orbital Field Matrix（OFM）[15]と呼ばれる「画像」のような材

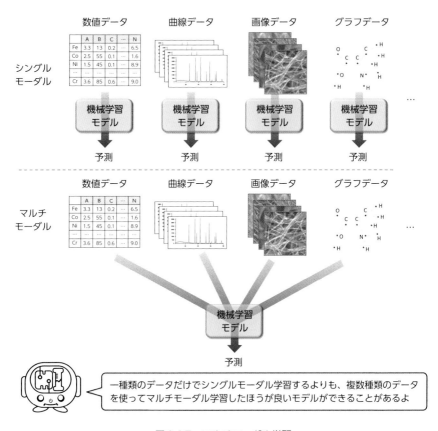

図3.17　マルチモーダル学習

料記述子とMagpie[16]（第3章3.1項）と呼ばれる「数値（テーブル）」の材料記述子を同時に使うことによって材料物性を予測する機械学習モデルを構築する研究があります[17]。OFM記述子（画像）だけ、もしくはMagpie記述子（数値）だけを使って機械学習モデルを構築するよりも、OFM記述子（画像）とMagpie記述子（数値）の両方を使った方が、より良い材料予測モデルを構築することができます[17]。他には、GNN（第3章3.4項）のところで軽く紹介したグラフ構造を使ってマルチモーダル学習をする研究があります[18]。物性値データとプロセスデータの両方を、数値・テキストなどのデータ形式問わずにグラフ構造で管理することによってマルチモーダル学習を実現しています[18]。

　このような技術が今後も進展すれば、マルチモーダル学習（異なるデータ形式を一つのモデルで取り扱う）だけでなく、マルチタスク学習（一つのモデルで異なる複数の課題を解く）も、材料開発の分野で実現できるかもしれません。材料分野でマルチモーダル・マルチタスク学習ができるようになれば、材料開発がさらに加速するはずです。今後の技術の進展が楽しみですね。

(1) 黒橋禎夫『自然言語処理』放送大学教育振興会（2019）
(2) 中山光樹『機械学習・深層学習による自然言語処理入門』マイナビ出版（2020）
(3) 奥村学『自然言語処理の基礎』コロナ社（2010）
(4) E. Cambria et al. Jumping NLP Curves：A Review of Natural Language Processing Research. IEEE Comput. Intell. Mag. 9, 2, 48-57（2014）
(5) T. Young et al. Recent Trends in Deep Learning Based Natural Language Processing. IEEE Comput. Intell. Mag. 13, 3, 55-75（2018）
(6) J. Hirschberg et al. Advances in natural language processing. Science 349, 6245, 261-266（2015）
(7) DeepL, https://www.deepl.com/ja/translator
(8) T. Mikolov et al. Efficient Estimation of Word Representations in Vector Space. Preprint arXiv：1301.3781v3（2013）
(9) V. Tshitoyan et al. Unsupervised word embeddings capture latent knowledge from materials science literature. Nature 571, 95-98（2019）
(10) E. Kim et al. Inorganic Materials Synthesis Planning with Literature-Trained Neural Networks. J. Chem. Inf. Model. 60, 1194-1201（2020）
(11) E. Kim et al. Machine-learned and codified synthesis parameters of oxide materials. Sci. Data. 4, 170127（2017）
(12) K. Olga et al. Text-mined dataset of inorganic materials synthesis recipes. Sci. Data 6, 203（2019）
(13) E. Kim et al. Materials Synthesis Insights from Scientific Literature via Text Extraction and Machine Learning. Chem. Mater. 29, 9436-9444（2017）
(14) T. Baltrusaitis et al. Multimodal Machine Learning：A Survey and Taxonomy. Preprint arXiv：1705.09406v2（2017）
(15) T. L. Pham et al. Machine learning reveals orbital interaction in materials. Sci. Technol. Adv. Mater. 18, 756-765（2017）
(16) L. Ward et al. A general-purpose machine learning framework for predicting properties of inorganic materials. npj Comput. Mater. 2, 16028（2016）
(17) Z. Cao et al. Convolutional Neural Networks for Crystal Material Property Prediction Using Hybrid Orbital-Field Matrix and Magpie Descriptors. Crystals 9, 191（2019）
(18) K. Hatakeyama-Sato et al. Integrating multiple materials science projects in a single neural network. Commun. Mater. 1, 49（2020）

コラム3

量子アニーリング

　最近、「量子コンピュータ」という言葉を耳にすることが多くなりました。量子コンピュータとは、「量子力学特有の物理状態を積極的に用いて超高速計算を実現するコンピュータ」です。我々が普段使っている普通のコンピュータ（古典コンピュータ）では解くことが難しい問題を効率的に解くことができる可能性があると言われており、活発に研究が進められています。

　この量子コンピュータはざっくりと、「量子ゲート方式」と「量子アニーリング方式」の2つに分けて考えることができます。量子ゲート方式では、古典コンピュータで使われる回路や理論ゲートの代わりに、量子回路や量子ゲートを用いて計算を行います。解ける問題が限られていない汎用的な量子コンピュータとして期待がされていますが、実応用にはまだ時間が必要だと考えられています。一方、量子アニーリング方式は、「組み合わせ最適化問題」を解くことに特化しています。格子状に並べられた素子に相互作用を設定し、横磁場をかけながら素子全体のエネルギーが最も低くなる状態を探し出していく作業で、組み合わせ最適化問題を一気に解く、というイメージです。量子アニーリングの方はすでに商用化されており、例えばカナダのD-Wave社が2011年に「世界初の商用量子コンピュータ」として商品化しています。量子アニーリングは材料開発の分野でも応用事例がありますので、ここでは量子アニーリングについてフォーカスして説明したいと思います。とはいっても、量子アニーリングの仕組み（量子ビットとかイジングモデルとかQUBOとかキメラグラフとか）の話は一切しません。「量子アニーリングを使うとどんなことができるのか？」というイメージをつかむための説明だけです。

　繰り返しになりますが、量子アニーリングを使うと「組み合わせ最適化問題」を解くことができます。組み合わせ最適化問題としてはナップサック問題が有名でしょうか。例えば以下のような問題を考えてみましょう。

　そうま君は、遠足に行きます。持っていけるおやつの合計金額は300円までです。手元には、ポテトチップス2袋、グミ1袋、塩分チャージ1袋、チョコレート1個、アメ1袋、バナナ1本、ガム1個、マシュマロ1袋があります。それぞれの値段と満足度は**コラム図6**のとおりです。そうま君が最も満足度を得られる組み合わせはどのようになるでしょうか？

※この遠足では、バナナはおやつに含まれます

	満足度	値段
ポテトチップス1袋　　A	6	110円
ポテトチップス1袋　　B	6	110円
グミ1袋	4	70円
塩分チャージ1袋	5	80円
チョコレート1個	7	130円
アメ1袋	2	40円
バナナ1本	3	50円
ガム1個	5	100円
マシュマロ1袋	6	120円

子供たちの永遠の課題である「おやつ300円問題」はナップサック問題と呼ばれる組み合わせ最適化問題の一種だよ。厳密に解くためには、すべての組み合わせを考えて評価しなくてはならないね。各おかしを「もっていく」or「もっていかない」の2択が9個あるわけだから全部で 2⁹＝512 通りのパターンを計算しなくてはならないね

【組み合わせ】
1. 「グミ1袋・チョコレート1個・ガム1個」の組み合わせの場合は、満足度が16で値段が300円
2. 「グミ1袋・塩分チャージ1袋・アメ1袋・ポテトチップス1袋」の組み合わせの場合は、満足度が17で値段が300円
3. 「ポテトチップス1袋・グミ1袋・チョコレート1個」の組み合わせの場合は、満足度が17で値段が310円

　　　　　　　　　　　　　　　　　⋮

512. 「アメ1袋・ガム1個・マシュマロ1袋」の組み合わせの場合は、満足度が13で値段が260円

コラム図6　組み合わせ最適化問題の例（ナップサック問題）

　皆さんも子供の頃に一度はこのような問題を頭の中で解いていると思います。「おやつ300円問題」です。さて、この問題を厳密に解くには、すべての取りうるパターンの満足度を計算して一番良い組み合わせを見つけなくてはなりません。このようにすべてのパターンから一番良い組み合わせを探し出す問題を、組み合わせ最適化問題と言います。今回の場合、各おかしを「もっていく」or「もっていかない」の2択で、それが9個あるわけですので、すべての組み合わせは2^9=512通りですね。そこそこな計算量です。今はお菓子の数が少ない（n=9）ので普通の古典コンピュータでも全パターン網羅的に計算することができます。しかし、例えばお菓子の数が200個（n=200）の場合の全パターンは2^{200}≒10^{60}通りですので、これを実時間内に全パターン網羅的に計算するのは非常に厳しいです。

　このような組み合わせ最適化問題を、量子アニーリングでは高速に解くことができるとされています。量子アニーリングでは、すべてのパターンを計算するのではなく、量子力学固有の物質状態をうまく使うことで、組み合わせ最適化問題を一瞬で一気に解こうとします（※あくまで大雑把なイメージなので、これは厳密な表現ではありません）。そのため、問題が大きくなっても（上記の例ではお菓子の数nが大きくなっても）、古典コンピュータのように計算時間が爆発的に増大することはありません。

　上記は簡単な例のみを示しましたが、実は組み合わせ最適化問題は、製造、物流、小売、金融、交通、医療、農業などなど様々な分野で発生します。組み合わせ最適化問題を古典コンピュータで解くのは大変なため、従来は、まずは解きたい問題が組み合わせ最適化問題に陥らないように工夫し、どうしても組み合わせ最適化問題になってしまう場合は、数学を用いて近似的に最適解を求めるアプローチをとることが多いです（もしくは組み合わせ最適化問題になった瞬間に、無意識のうちに解くのを諦めてしまう）。量子アニーリングの登場により、今後はその逆で、世の中の解きたい問題を積極的に組み合わせ最適化問題にもっていき（量子アニーリングで解ける形式に問題を変換し）問題を解くというアプローチが主流になるかもしれません

ね。少なくとも、量子アニーリングが実応用に耐えうるレベルに達したら、世の中が大きく変わることは間違いありません。

材料開発の分野でも量子アニーリングは使われ始めています。有名な事例は東京大学の津田宏治先生らのグループが行った放射冷却用メタマテリアル探索の研究でしょうか[1]。**コラム図7**に今回の放射冷却用メタマテリアルのイメージを記します。SiO_2とSiCとPMMA（アクリル）の3種類の材料の組み合わせからなるメタマテリアルです。ここから、所望の熱放射率特性となる各材料の並び方を探す問題を考えてみましょう。まさに組み合わせ最適化問題ですね。コラム図7では、材料の種類が3種類（SiO_2 or SiC or PMMA）でそれが25個並んでいるので、取りうる全パターンは$3^{25} \fallingdotseq 8500$億通りです（実際に解くときには、「各層には$SiO_2$とSiCのどちらかのみが含まれる」などの制約をかけているため、これよりちょっとだけ少ないです）。このパターンを全部試すのは難しいのですが、本論文では、材料シミュレーションと機械学習（Factorization Machine[2]）と量子アニーリン

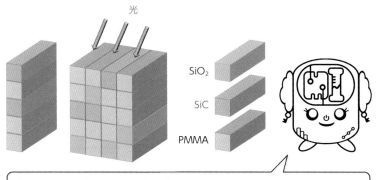

光

SiO_2

SiC

PMMA

量子アニーリングと機械学習を組み合わせて、放射冷却用メタマテリアルの開発を行った研究です。どの場所にどの材料（SiO_2 or SiCor PMMA）を配置するのが良いかという組み合わせ最適化問題を解いています

コラム図7　量子アニーリングの放射冷却用メタマテリアル開発への応用

グを使うことで、この組み合わせ最適化を解いています[1]。

　材料開発の分野では、非常に多くの問題が組み合わせ最適化問題で記述できます。別の表現をすると、組み合わせ最適化問題に陥ってしまって、今まで解くのを諦めていた材料開発の問題がたくさん残っています。そのため今後、量子アニーリングが実応用に耐えうるレベルに達したら、このような応用事例がどんどん増えてくることでしょう。

　実は筆者はかつて量子アニーリングマシンを開発しているラボに所属していました。量子アニーリングの技術領域は、基礎研究と応用研究が同時に進行しているちょっと珍しい領域です。量子アニーリングの技術によって世の中がどのように変わっていくのか、今後が楽しみです。

(1) K. Kitai et al. Designing metamaterials with quantum annealing and factorization machines. Phys. Rev. Research 2, 013319 (2020)
(2) S. Rendle. Factorization machines. in Proceedings of the 2010 IEEE International Conference on Data Mining, 995-1000 (2010)

第 4 章

材料開発の事例紹介

　ここからは、材料開発の事例紹介です。技術の種類（マテインフォ、プロセスインフォ、計測インフォ、物理インフォ）およびデータの種類（数値データ、曲線データ、画像データ、グラフデータ）ごとに分けて記載してみました。

【技術の種類のシンボル】

シンボル	説明
マテ インフォ	マテリアルズ・インフォマティクスに関する材料研究
プロセス インフォ	プロセス・インフォマティクスに関する材料研究
計測 インフォ	計測インフォマティクスに関する材料研究
物理 インフォ	物理インフォマティクスに関する材料研究

【データの種類のシンボル】

シンボル	説明
数値 データ	数値データ（テーブルデータ）をインプットに用いた材料研究
曲線 データ	曲線データ（ベクトル）をインプットに用いた材料研究
画像 データ	画像データ（行列やテンソル）をインプットに用いた材料研究
グラフ データ	グラフデータをインプットに用いた材料研究

4.1 ベイズ最適化を用いて高磁化合金材料を開発する研究

| マテ インフォ | プロセス インフォ | 計測 インフォ | 物理 インフォ | 数値 データ | 曲線 データ | 画像 データ | グラフ データ |

　最初の材料開発の事例は、筆者が行った「マテインフォ」×「数値データ」の研究事例の話にします。コンビナトリアル実験、ハイスループット第一原理計算、ベイズ最適化を用いて磁性合金を開発したお話です[1]。

　磁性合金材料はメモリー、センサー、モーターなど、ありとあらゆるデバイスで使用されていまして、我々の社会において非常に重要な役割を果たしています。特に、高い磁化をもつ合金材料（高磁化合金材料）は非常に需要が大きく、昔から活発に研究開発が進められてきました。**図4.1**に、様々な2元合金の磁気モーメント（飽和磁化におおよそ比例するキーパラメータ）をプロットしたグラフを示します。このグラフはSlater-Pauling曲線と呼ばれており、磁性の教科書であれば必ず最初の方に載っている有名なプロットです。このグラ

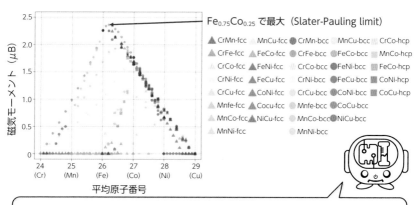

図4.1　大きな磁化を持つ磁性合金（Slater Pauling limit）

フの頂点の材料は$Fe_{0.75}Co_{0.25}$の合金で、これ以上の飽和磁化（磁気モーメント）を持つ磁性合金材料は基本的に無いと言われていました（Slater-Pauling limit）[2]。

　しかし、Slater-Pauling曲線には、単純な2元合金しかプロットされていません。そのため、3元合金や4元合金など、よりたくさんの元素が複雑に混じった多元合金に探索範囲を広げれば、Slater-Pauling limitを超える新しい合金を発見することができるかもしれません。しかし、多元合金の材料空間は組み合わせ爆発により非常に広大なものとなっています。

　そのため、従来の材料開発アプローチで、材料実験・材料シミュレーションを網羅的に実行することは非常に困難です。**図4.2**の左側に、人間による従来型の材料探索のフローを描きました。このように通常は、「材料合成」⇒「材料計測」⇒「人間による考察（次に合成する材料の選定）」⇒「材料合成」⇒……のループで材料探索を進めます。このループを繰り返すことで、人間が少しずつ賢くなり、最終的に特性の良い材料にたどり着くことができますが、あ

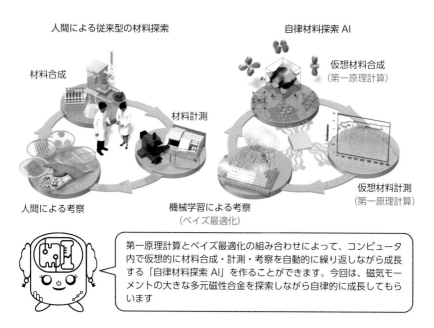

人間による従来型の材料探索

自律材料探索AI

材料合成

材料計測

仮想材料合成
（第一原理計算）

仮想材料計測
（第一原理計算）

人間による考察

機械学習による考察
（ベイズ最適化）

第一原理計算とベイズ最適化の組み合わせによって、コンピュータ内で仮想的に材料合成・計測・考察を自動的に繰り返しながら成長する「自律材料探索AI」を作ることができます。今回は、磁気モーメントの大きな多元磁性合金を探索しながら自律的に成長してもらいます

図4.2　ベイズ最適化と第一原理計算を組み合わせた自律材料探索AI

まりにも材料探索空間が大きい場合は、現実的な時間内でゴールにたどり着く
ことが困難となってしまいます。

　第一原理計算とベイズ最適化（Lv.1本の3.7）を組み合わせることで、この
ループをコンピュータ内で仮想的に実行することができます。「自律材料探索
AI」とでも名付けておきましょうか。「仮想材料合成（第一原理計算）」⇒「仮
想材料計測（第一原理計算）」⇒「機械学習による考察（ベイズ最適化で次に
仮想合成する材料の決定）」⇒「仮想的な材料合成（第一原理計算）」⇒……を
繰り返すことで、徐々にこの自律材料探索AIが賢くなっていき、最終的に特
性の良い材料を見つけることができます。この自律材料探索AIは、我々が寝
ている間も仮想的な材料合成・計測・考察を繰り返しながら材料探索を続ける
ため、非常に効率的に新材料の発見が可能となります。

　今回はこの自律材料探索AIに、磁気モーメント（磁化におおよそ比例する
材料パラメータ）の大きな多元磁性合金を探索しながら成長してもらいまし
た。第一原理計算部分には、多元合金のDisorder系を精度良く計算すること
ができるGreen関数法ベースのKKR-CPA[3]を使いました。この部分では、組
成と結晶構造の情報から磁気モーメントを算出します。ベイズ最適化の部分で
使用するガウス過程回帰モデルの目的変数Yは磁気モーメント、説明変数Xは
組成情報（at%）です。つまり

$$Y_{磁気モーメント} = f(X_{Fe}, X_{Co}, X_{Ni}\cdots)$$

です。今回のベイズ最適化ではUCB指標により、磁気モーメントが大きそう
であり、かつ過去に計算したことがある材料とは似ていない組成を、次に計算
すべき組成として決定します（この辺、よくわからない方は、Lv.1本の3.7や
論文[1]を見てください）。

　この自律材料探索AIには、およそ二か月間計算を続けて自律的に成長して
もらいました。実はこの二か月間、筆者はこの計算を回していることをすっか
り忘れており、完全に放置していました（最終的には研究所の計画停電でこの
計算は止まっていました）。筆者が何もしていない間も、この自律材料探索AI
は仮想的な材料合成・計測・考察をひたすら繰り返して成長してくれていたわ
けです。

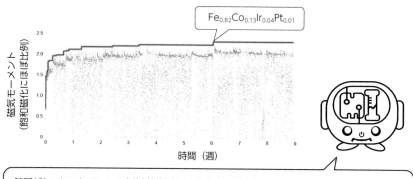

図4.3 自律材料探索AIの成長の様子

その過程を**図4.3**のグラフで表しています。自律材料探索AIが見つけた
（計算した）材料の磁気モーメントが時系列でプロットされています。探索開
始初期はあまり磁気モーメントの大きな合金を見つけることができていません
が、時間経過に伴ってこの自律材料探索AIが成長して、磁気モーメントが大
きな合金を見つけることができるようになっています。また、常に良い材料
（磁気モーメントの大きな材料）を見つけるわけではなく、あえて失敗材料
（磁気モーメントの小さい材料）を探索しに行っている様子も見て取れます。
この傾向はAIが成長する過程において非常に重要です。人間が成長するため
には成功体験だけではなく失敗体験も含めて学習することが重要であるのと同
じように、AIも成功データだけでなく失敗データも学習しながら成長する必
要があります（ガウス過程回帰モデルのGlobal Optimizationのためには、学
習データのDispersion/Diversityが重要だということです）。「活用」だけでな
く「探索」もちゃんと行っているということですね。

この自律材料探索AIは成長し続け、最終的に$Fe_{0.82}Co_{0.13}Ir_{0.04}Pt_{0.01}$の合金が大
きな磁化を持つと提案してきました。しかし、この知見は我々磁性材料屋の直
観とは少し違います。前述したように、合金材料の中で最も磁化が大きなもの

はSlater-Pauling limitの$Fe_{0.75}Co_{0.25}$とされています。そこに磁気モーメントが小さいIrやPtをドープしても、磁化は小さくなってしまうだろうというのが一般的な材料科学者の感覚かと思います。データ科学を活用した自律材料探索AIは、我々人間の先入観や偏見無しでデータのみを用いて材料探索を進めますので、今回のように我々からすると意外な材料を提案することがよくあります。

　しかし、この結果は自律材料探索AIによるただの「予測（Prediction）」です。AIや機械学習はしばしば間違った予測をしますので、その予測結果の検証をきちんと実行することが大切です（マテリアルズ・インフォマティクスに限らず、他の領域のAIや機械学習においても同様です）。

　この自律材料探索AIの予測結果を検証するために、コンビナトリアル実験（Lv.1本のコラム2)[4)]）を行いました（ここからしばらくは機械学習の話が出てきませんが、「実験で合成・計測して検証・考察するまでがデータ駆動材料開発です！」ということで、その部分も書きます）。今回のような自律材料探索AIが特性の良い材料組成をドンピシャで当てる可能性はあまり高くありません。そのため、良さそうな材料組成周辺をある程度の組成範囲をもって一気にたくさん合成・計測することができるコンビナトリアル実験は、機械学習から予測された材料を実験的に検証するためには非常に便利な手法です。**図4.4**左に本実験で用いたコンビナトリアルスパッタのイメージを描きました。複数のターゲットを用いて同時スパッタをする際に自動で動作するマスクを用いることで、一枚の基板の上に組成勾配を持つ薄膜を作成することができます。仮にFeとCoとIrを用いてコンビナトリアルスパッタを行うと、図4.4右のようにx方向にIr、y方向にFeおよびCoの組成勾配を持つ薄膜を作成することができます。この基板上で少しずつ位置を動かしながら所望の材料計測（磁化測定やXRD測定）を行うことによって、全組成網羅的に簡単に材料物性データを取得することが可能となります（図4.4右の黒い点は計測ポイント）。本手法を用いて、FeCoIrに加えて、FeCoPtおよびFeCoNiの組成勾配薄膜を作成しXRD測定および磁化測定（MOKEとSQUID）を行いました。

　本書ではとりあえず磁化測定（MOKE）の結果だけ載せます（他の実験結果は論文を見てください[1)]）。**図4.5**に、それぞれFeCoIr、FeCoPtおよび

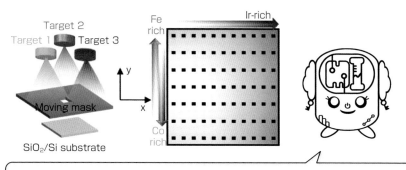

機械学習が、良い材料組成をドンピシャで当てる可能性はあまり高くありません。そのため、良さそうな材料組成周辺をある程度の範囲をもって一気にたくさん合成・計測することができるコンビナトリアル実験は、「材料ビッグデータの蓄積」という観点だけではなく、今回のように「機械学習から予測された材料の実験的検証」という観点においても非常に強力です

図4.4 コンビナトリアル実験

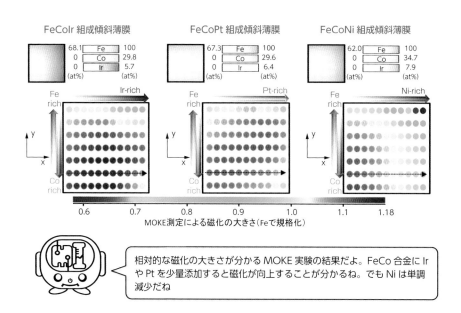

相対的な磁化の大きさが分かる MOKE 実験の結果だよ。FeCo 合金に Ir や Pt を少量添加すると磁化が向上することが分かるね。でも Ni は単調減少だね

図4.5 コンビナトリアル技術による実験的検証

FeCoNi の MOKE 計測の結果を示します。各組成傾斜薄膜サンプルの一番左の列は Ir、Pt、Ni の含有量が 0% の領域で、x 方向側（右側）ほどその含有量は増えます。このデータから、FeCo 合金に Ir および Pt を少量添加すると磁化は大きくなり、入れすぎると磁化は減少する傾向があることが分かります。一方、FeCo に Ni を添加しても磁化は増えず単調減少となる傾向も分かります。また、この実験結果を見ると、FeCoIr および FeCoPt の磁化が、$Fe_{0.75}Co_{0.25}$（Slater-Pauling limit）を超えそうだなという期待が持てますね。そのため、「FeCo 合金に Ir や Pt を少量添加すると大きな磁化を発現する」という自律材料探索 AI の予測は正しそうだということが分かります。

　自律材料探索 AI に、特性の良い材料を予測・提示させ、実際に特性の良い材料を実験で合成することができました。しかし、自律材料探索 AI は、材料学（物理や化学）の観点から、なぜその材料が良いのかという理由については教えてくれません。AI や機械学習は、データに基づいた解析をするだけであり、自然科学に踏みこんだ解析や考察をしないからです。そのため、自律材料探索 AI に予測・提示された新材料には、我々が知らないサイエンスが隠れているのかもしれないということになります。

　そのため、AI や機械学習で帰納的に導出された新材料に関して、材料学（物理・化学）側から演繹的に解析する作業は重要となります。そこで、今回は KKR-CPA を用いたハイスループット第一原理計算（Lv.1 本のコラム 3）によって、自律材料探索 AI から導かれた材料（$Fe_{0.82}Co_{0.13}Ir_{0.04}Pt_{0.01}$）に関する簡単な考察を行いました。**図4.6** には、$Fe_{0.75}Co_{0.25}$ 合金に様々な金属元素（X）がごく少量添加された際の、Fe および Co の局所磁気モーメントの変化と格子定数の変化を載せています。この結果から、Ir および Pt の元素を少量添加すると、Fe および Co の局所磁気モーメントを増大させることが分かります。そのため、図4.5 の実験結果のように、少量の Ir および Pt 添加によって磁化が向上すると考えられます。また Ir および Pt の局所磁気モーメントは小さいため、これら元素を添加しすぎると図4.5 のように磁化が減少傾向に転じると考えられます。さらに、図4.6左下の結果から、どの元素を添加しても基本的に格子定数（磁気モーメント増加の主要因の一つと考えられている）は増加するということが分かります。そのため、添加元素 X としては格子定数を増加させる元

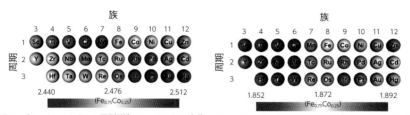

Fe$_{0.75}$Co$_{0.25}$X$_{0.01}$ の Fe の局所磁気モーメントの変化　Fe$_{0.75}$Co$_{0.25}$X$_{0.01}$ の Co の局所磁気モーメントの変化

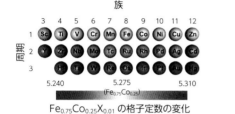

Fe$_{0.75}$Co$_{0.25}$X$_{0.01}$ の格子定数の変化

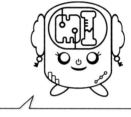

ハイスループット第一原理計算による簡単な理論解析の結果です。機械学習から導かれる新材料は、「自然科学的理由はよくわからないが、なぜか特性の良い材料」となることが多いため、このようにデータ主導で導かれた新材料に対して後から物理・化学の観点で考察を進めることが大切です

図4.6　ハイスループット第一原理計算による理論的考察

素であればなんでも良いというわけではなく、IrやPtの電子状態が大事であるということが分かります（例えばTaやWは格子定数を増大させますが、FeやCoの局所磁気モーメントは減少させるので）。では次は、なぜIrやPtの元素添加によってFeやCoの局所磁気モーメントを増大するのかということが気になるので、バンド図とにらめっこしたり放射光施設でXMCDをとったりしたくなるわけですが……、この研究事例紹介だけ文量がすごく長くなってしまったので、もうこの辺で止めときます。次ページからの研究事例紹介はもっと簡潔にコンパクトに記載するように気を付けます。

　本研究事例では、機械学習（自律材料探索AI）で特性の良い新規材料を「予測」し、コンビナトリアル実験で実際にその材料を「合成・検証」し、ハイスループット第一原理計算でその材料に関する理論的「考察」をしました。図4.2に記載したように自律材料探索AIの中では、コンピュータ内のバーチャル空

間で「予測」「合成・検証」「考察」の小さなループを回していたわけですが、その外側では筆者（人間）がリアル空間で、「予測」「合成・検証」「考察」の大きなループを回していたというわけですね。

(1) Y. Iwasaki et al. Machine learning autonomous identification of magnetic alloys beyond the Slater-Pauling limit. Commun. Mater. 2, 31（2021）
(2) Y. Kakehashi. Modern Theory of Magnetism in Metals and Alloys（Springer-Verlag, 2012）
(3) H. Akai. Electronic Structure Ni-Pd Alloys Calculated by the Self-Consistent KKR-CPA Method. J. Phys. Soc. Jpn. 51, 468-474（1982）
(4) H. Koinuma et al. Combinatorial solid-state chemistry of inorganic materials. Nature Materials 3, 429-438（2004）

4.2　ベイズ最適化とパレート最適を用いて、ホイスラー合金材料を探索する研究

| マテ インフォ | プロセス インフォ | 計測 インフォ | 物理 インフォ | 数値 データ | 曲線 データ | 画像 データ | グラフ データ |

　次の研究事例紹介も筆者が行った「マテインフォ」×「数値データ」の事例にします。第一原理計算とベイズ最適化を組み合わせた「自律材料探索AI」（第4章4.1項）によってホイスラー合金を探索するお話です[1]。前項の自律材料探索AIでは、元素種類と結晶構造（BCC）を固定し、組成割合（at%）だけを可変にして探索空間を小さく設定していましたが、今回の自律材料探索AIでは、元素種類も結晶構造も組成割合も可変にして探索空間を大きく設定します。また、目的変数2つを同時に最適化する多目的ベイズ最適化（第2章2.2.2項）も使用します。

　まずは、ホイスラー合金の説明をします。ホイスラー合金は、**図4.7**のように複数種類の元素が規則的に並んでいる合金です。構造は主にフルホイスラー構造（X_2YZ）とハーフホイスラー構造（XYZ）の2種類があります。ハーフメタル・熱電材料・異常ネルンスト材料・磁気形状記憶材料・磁気冷凍材料・トポロジカル絶縁体・高磁気異方性材料……など様々な高い機能性を有する魅力的な材料系です。しかし、複雑性、多元素性、準安定相との競合（主に

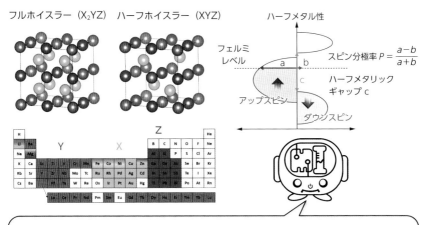

フルホイスラー（X₂YZ）　ハーフホイスラー（XYZ）

ホイスラー合金は、ハーフメタル・熱電材料・異常ネルンスト材料・磁気形状記憶材料・磁気冷凍材料・トポロジカル絶縁体・高磁気異方性材料……など様々な高い機能性を有する魅力的な材料系だよ。でもいろんな元素がグチャグチャ混ざっているので、材料空間が広くて探索が大変なんだ。今回は、ハーフメタル性（スピン分極率100％）の観点で自律材料探索AIに探索を進めてもらうよ

図4.7　ホイスラー合金（VESTA使用[2)]）

disorder）などにより、材料探索空間が超巨大であり、さらに非平衡作製プロセスに敏感に依存するため、材料探索の難易度が非常に高い材料でもあります。そのため、材料としてのポテンシャルに対する学術面/産業界からの期待度は絶大であるにもかかわらず、充分な探索が進んでない未踏材料の一つです。

　ホイスラー合金が持つ様々な機能性の中で、最も魅力的な性質の一つがハーフメタル性です。ハーフメタル性とはスピン分極率Pという材料パラメータが100％である性質で、磁気抵抗素子など様々なデバイスに応用されます。しかし、このハーフメタル性は低温では発現するものの、室温でハーフメタル性を発現する材料はまだ見つかっていません。もし室温でハーフメタル性を示す材料を見つけることができれば、大発見ということになります。

　ハーフメタル性を実現するために注目すべき材料パラメータは複数あります。1つは当然、スピン分極率Pです。フェルミ準位におけるアップスピンと

ダウンスピンの状態密度の差で定義されます。図4.7右上においてaが有限値を持ち、bがゼロになると、スピン分極率が100％になります。2つ目は、ハーフメタリックギャップという材料パラメータです。ダウンスピン側のギャップ幅（図4.7右上のc）がこれに相当します。ハーフメタル性（スピン分極率P＝100％）が温度を上げると消滅してしまう一つの原因として、温度を上げると状態密度がにじみ出てダウンスピン側のフェルミレベルのところに状態ができてしまう（図4.7右上のbが有限になってしまう）ということが考えられます。それを防ぐために、ハーフメタリックギャップcは大きい方が良いです。この他にも、キュリー温度や磁化や保磁力などいろいろ考慮すべき材料パラメータがたくさんあるのですが、今回は、「スピン分極率」および「ハーフメタリックギャップ」の2つが両方とも大きい材料が、ハーフメタル性を示す有望な材料であるとして探索してみます。

　というわけで、前項でも登場した自律材料探索AIに、「スピン分極率」と「ハーフメタリックギャップ」の両方が大きな材料を探し続けてもらいましょう。一応もう一度、自律材料探索AIのイメージを**図4.8**右に記載します。第一原理計算とベイズ最適化を組み合わせて自律的に特性の良い材料を探索させることができます。ただ、今回は元素種類も結晶構造も組成割合も可変にして探索空間を大きく設定し、さらに目的変数2つを同時に最適化しますので、機械学習（ベイズ最適化）の部分が少し変わります。

　材料記述子は組成とMagpie記述子（第3章3.1に記載）を用意しました。図4.7の周期表を見ればわかる通り、今回のホイスラー合金に使用する可能性のある元素を50種類にしましたので、組成の部分は50次元になります。例えばこの50次元の組成をベクトル表記で（X_{Li}, X_{Be}, X_{Mg}, X_{Al}, X_{Si}, …X_{Bi}）という様に表したとすると、Li_6Al_4の組成ベクトルは（6, 0, 0, 4, 0, …0）ということになります。ただ、これだけだと元素に関する情報の多くが死んでいることになります。周期表の近くにある元素同士は似ていて（例えばFeとRuは似ていて）、遠くにある元素同士は似ていない（例えばFeとBiは似ていない）のですが、こういった情報は単純に組成をベクトルで表記するだけだと考慮されません。そのため今回は第3章3.1項でも紹介したMagpie記述子（平均原子量、平均原子半径、沸点、融点、valence bandの電子数などなど多数）もインプッ

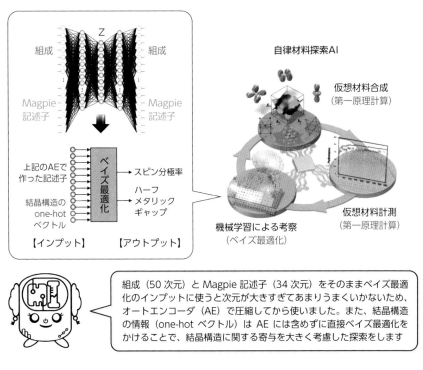

図4.8　今回使用する自律材料探索AI

ト情報として使うことで、元素そのものに関する情報も含んだインプット（材料空間）を定義します。

　ただ、組成（50次元）とMagpie記述子（34次元）を合わせると84次元になってしまいます。あまりにも次元が大きい場合にベイズ最適化を適応するのは効率的ではないので、これら84次元のデータを第3章3.3項で紹介したオートエンコーダ（AE）で10次元まで圧縮した記述子を作ります。これに、結晶構造情報（フルホイスラーorハーフホイスラー）をone-hotエンコーディング（第3章3.1項）して作成した記述子2つを加え、合計12次元のインプットでベイズ最適化をします。結晶構造の情報はあえてAEに入れずに直接ベイズ最適化の方に入れることで、結晶構造の情報をより重要視した探索をすることができます。この辺のインプットの作り方（材料探索空間の定義）は自由で

す。材料屋の勘と経験を存分に活かし、材料空間を定義しましょう（今回は筆者がいろいろ試した結果、こんな感じの材料空間を定義しましたが、これがベストかどうかはよくわかりません。もっといいやり方もあると思います）。

　今回は目的変数がスピン分極率とハーフメタリックギャップの2種類なので、これら両方とも大きな材料を探すためにパレート解を用いたベイズ最適化をします。やり方は第2章2.2.2項で説明したとおりです。UCBの値から算出したパレート超体積が最も大きな材料を、次に試す（KKR-CPA[3]で計算する）材料として選定します。

　約1か月間、この自律材料探索AIには、コンピュータ内での仮想的な合成・計測・考察を繰り返しながら材料探索を続けてもらい、賢くなってもらいました。その間に自律材料探索AIが見つけた材料を**図4.9**左上に示します。赤い丸がフルホイスラー構造、水色の三角がハーフホイスラー構造です。スピン分極率が大きく、かつハーフメタリックギャップが大きな材料組成がいくつか見つかっていますね。実際にいくつかの材料の状態密度（DOS）を図3.9右側に載せています。どちらもXサイトに2種類の元素、Yサイトに2種類の元素、Zのサイトに2種類の元素をもつ6元系のハーフホイスラー合金です（各サイト内の2種類元素は完全にDisorderしているとしてKKR-CPAの計算をしています）。

　ただ、この自律材料探索AIから見つかった材料は、あくまで機械学習や第一原理計算からの「予測」にすぎません。そのため、実際に実験で合成して確認する必要があります。しかし、この見つかった6元系ハーフホイスラー合金を実際にちゃんと実験で合成するのは至難の業です。6つの元素を混ぜてハーフホイスラー構造をきれいに作るのは非常に難しいですし、この材料組成には毒性の強い元素も含まれます。そのため、材料の「合成のしやすさ」も考慮してMI研究を推進することが大切になります。例えば、「スピン分極率」と「ハーフメタリックギャップ」の他に、「フォーメーションエネルギーから算出した合成のしやすさ」や「毒性の低さ」などの軸を加えてパレート解を用いた多目的最適化をすれば、ハーフメタルになりそうで、かつ合成し易やすそうな材料を提案できますね。実験（合成）のことを常に意識しながらMI研究を推進することは非常に大切です。

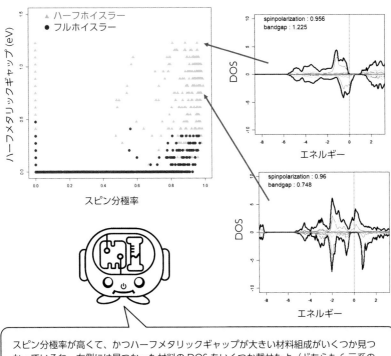

図4.9　自律材料探索AIが見つけた6元ホイスラー合金

(5)　JST-CREST『未踏探索空間における革新的物質の開発（研究総括：北川宏)』における研究課題『科学者の能力を拡張する階層的自律探索手法による新材料の創製（研究代表：岩﨑悠真)』https://www.jst.go.jp/kisoken/crest/project/1111116/1111116_2021.html

(6)　K. Momma et al. VESTA 3 for three-dimensional visualization of crystal, volumetric and morphology data, J. Appl. Crystallogr., 44, 1272-1276（2011).

(7)　H. Akai. Electronic Structure Ni-Pd Alloys Calculated by the Self-Consistent KKR-CPA Method. J. Phys. Soc. Jpn. 51, 468-474（1982).

4.3 決定木を用いて、MOFの材料開発プロセスを可視化する研究

マテ インフォ	プロセス インフォ	計測 インフォ	物理 インフォ	数値 データ	曲線 データ	画像 データ	グラフ データ

　次は、関西学院大学の田中大輔教授らのグループが行った、「プロセスインフォ」×「数値データ」の研究事例です。決定木を使って金属有機構造体（MOF：Metal-Organic Frameworks）と呼ばれる材料の開発プロセスを可視化して、その結果から高純度なMOFの作成に成功しています[1]。

　まず、MOFの簡単な紹介をします。MOFは金属と有機配位子からなる結晶性の多孔質材料です。一般的な金属やセラミックなどの結晶が、原子やイオンが密に並んだ構造を持っているのに対して、MOFは有機分子が金属イオンを橋掛けすることでナノサイズの空間を作り出しています。その空間を利用してガス貯蔵材料や触媒材料として注目されています。材料研究者から見たMOFの魅力の一つは、分子設計の自由度の高さでしょう。使用する金属の種類と有機分子の種類を組み替えることによって、目的の機能に応じた様々なMOFを作ることができます。例えば孔径や官能基を精密調整することができ、孔表面の性質を自在に調節することができます。

　MOFの中でも、金属としてランタノイドをベースとしたLn-MOFは、プロトン伝導体、発光材料、磁性材料など、様々な分野で期待されています（**図4.10**）。しかし、Ln-MOFは、プロセス条件に敏感で、純度の高いLn-MOFを合成することは非常に難しいです。

　ということで、プロセス条件のデータに対して機械学習を応用します。まずはデータ作りです。様々なプロセス条件下でMOFの合成実験を行い、得られた物質に対して粉末X線回折（PXRD）をとることで、合成された物質の構造を判定します。解析の結果、これらの合成実験からは**図4.11**の下の赤枠で記載の6種類の構造ができていることが分かりました。このうちの一つが、今回のターゲットである「KGF-3」と呼ばれるMOFです（図4.10）。

　このKGF-3を高純度で合成することができるプロセス条件を考察するために、決定木モデル（Lv.1本の3.3）を用いて以下の分類モデルを作成します。

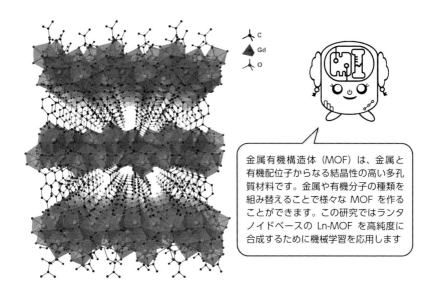

図4.10　金属有機構造体（MOF：Metal-organic frameworks）
（提供：関西学院大学　田中大輔教授）

$$Y_{クラスター}＝f(X_{金属イオン}, X_{冷却時間}, X_{試薬会社}, X_{配位子溶液}, X_{反応温度}, \cdots)$$

ここで、目的変数$Y_{クラスター}$はカテゴリ変数であって、合成された物質（図4.11に記載のクラスター①〜クラスター⑥）を意味します。また、プロセス条件を示す説明変数Xはそれぞれ、合成時に使用したランタノイド元素の種類（$X_{金属イオン}$）、冷却時間（$X_{冷却時間}$）、原料を購入した試薬会社（$X_{試薬会社}$）、配位子溶液の濃度（$X_{配位子溶液}$）、反応時の温度（$X_{反応温度}$）、などです（詳細は論文を参照[1]）。

　この決定木モデルを可視化すると図4.11のようになります。プロセス条件がどのように物質合成に寄与するのかが一目瞭然ですね。プロセス条件のデータは、カテゴリ変数（この場合、$Y_{クラスター}$や$X_{試薬会社}$）が出てくることが多いので、カテゴリ変数を直接扱うことができる決定木は、プロセスデータの可視化に向いている機械学習と言えます。

　さて、この決定木モデルを眺めることでいろいろ考察できるのですが、今回は試薬会社の部分（決定木モデルの下から2段目のところ）に注目してみま

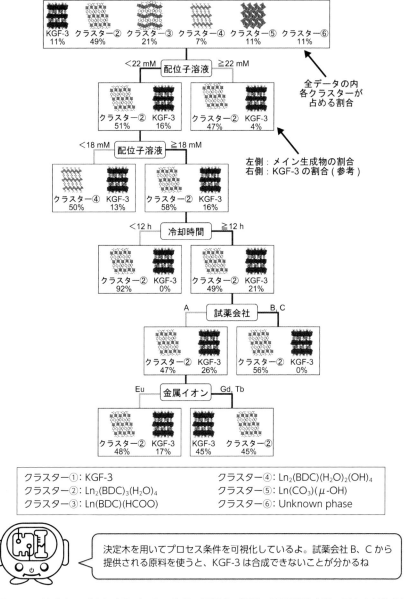

クラスター①：KGF-3　　　　　　　クラスター④：$Ln_2(BDC)(H_2O)_2(OH)_4$
クラスター②：$Ln_2(BDC)_3(H_2O)_4$　　クラスター⑤：$Ln(CO_3)(\mu\text{-}OH)$
クラスター③：$Ln(BDC)(HCOO)$　　　クラスター⑥：Unknown phase

決定木を用いてプロセス条件を可視化しているよ。試薬会社 B、C から提供される原料を使うと、KGF-3 は合成できないことが分かるね

図4.11　決定木モデルによるプロセス条件の可視化（提供：関西学院大学　田中大輔先生）

しょう。試薬会社Aから購入した原料を使った場合はKGF-3を合成できるのですが、試薬会社Bと試薬会社Cから購入した原料を使うと、KGF-3は合成できないことが分かります（試薬会社名は伏せます）。面白いですね。全く同じ原料名のものを買ったつもりだったのに、試薬会社Aから買った原料と、試薬会社B、Cから買った原料は少し違うものだということです。材料開発をやっていると原料メーカーやロットの依存性は結構あります。ただ、頭では「なんとなく原料を購入するメーカーごとに実験結果が違っている気がする」と薄々気づいてはいるのですが、その検証を後回しにして、まずは実験条件（温度、時間、圧力、などなど）の最適化に注力するということが結構あると思います。でも今回の場合、試薬会社B、Cから購入した原料でいくら実験を頑張ってもKGF-3を合成するのは難しいわけです。今回のように決定木モデルを用いてプロセス条件を俯瞰することで、無駄な材料開発時間を省くことができます。

　本研究では決定木モデルから試薬会社の選定が重要であることに気づきました。その後はそれら試薬会社から提供される原料を詳細に計測・分析することで違いを考察し、そこで得た知見から様々な種類のMOFを高純度で合成することに成功しています。このように、機械学習から得られる情報をそのまま使うだけではなく、機械学習から導かれた結果を科学者が材料学の観点からきっちりと考察することで、新たな材料開発につながっていくのです。

(1) Y. Kitamura et al. Failure-Experiment-Supported Optimization of Poorly Reproducible Synthetic Conditions for Novel Lanthanide Metal-Organic Frameworks with Two-Dimensional Secondary Building Units. Chem. Eur. J. 10.1002/chem202102404 (2021)

4.4　AIロボット自律合成装置を用いて TiO₂薄膜を自動最適合成する研究

マテ インフォ	**プロセス インフォ**	計測 インフォ	物理 インフォ	**数値 データ**	曲線 データ	画像 データ	グラフ データ

次は、「プロセスインフォ」×「数値データ」の事例です。東京工業大学の一杉太郎先生や清水亮太先生らのグループは、ロボティクスとベイズ最適化を組み合わせて自律的な材料合成を可能にしています[1]。実はこの話は、Lv.1本のコラム4でも簡単に紹介していますが、ここではもう少し詳細に説明します。

すでに第1章1.3項で述べたように、機械学習とロボティクスを組み合わせて自律的に材料合成を行う研究は世界各地で活発に行われています[2]-[8]。その中で今回は、無機材料薄膜をターゲットとした事例のお話です。無機材料薄膜の開発にはスパッタやPLDなど真空チャンバーの中で行わなければならないプロセスが多いです。そのため、これらプロセスの自動化・自律化は非常に難易度が高いと言われていますが、最近その技術が確立しつつあります。

まずはおさらいも兼ねて、「人間による従来型の材料探索」と今回紹介する「AIロボット自律合成装置」を比較してみましょう。**図4.12**には、それら2つの大雑把なフローを描きました。人間による材料探索では、図4.12左のように、「材料合成」⇒「材料計測」⇒「人間による考察（次のプロセス条件の選定）」⇒「材料合成」⇒……のループで材料合成の条件出しを進めます。このループを繰り返すことで人間が少しずつ賢くなり、最終的に最適なプロセス条件を見つけ、所望の材料を合成できます。しかし、温度・圧力・時間・etcで定義されるプロセス空間は非常に大きいので、ゴールにたどり着くまでには長い時間を必要とします。

ベイズ最適化（Lv.1本の3.7）とロボティクスを組み合わせることで、このループを自律的に実行することができます。これをここでは「AIロボット自律合成装置」と呼ぶことにします。「材料合成」⇒「材料計測」⇒「機械学習による考察（次の合成プロセス条件の決定）」⇒「材料合成」⇒……を繰り返すことで、徐々にこのシステムが賢くなっていき、最終的に最適なプロセス条件を見つけ、所望の材料を合成できます。このAIロボット自律合成装置は、

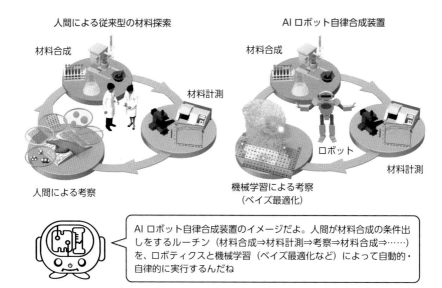

人間による従来型の材料探索

材料合成

材料計測

人間による考察

AIロボット自律合成装置

材料合成

ロボット

材料計測

機械学習による考察
（ベイズ最適化）

AIロボット自律合成装置のイメージだよ。人間が材料合成の条件出しをするルーチン（材料合成⇒材料計測⇒考察⇒材料合成⇒……）を、ロボティクスと機械学習（ベイズ最適化など）によって自動的・自律的に実行するんだね

図4.12　AIロボット自律合成装置

我々が寝ている間も材料合成・計測・考察を繰り返しながら材料探索を続けるため、非常に効率的な材料合成が可能となります。第4章4.1項や4.2項でベイズ最適化と第一原理計算の組み合わせによって仮想空間（バーチャル）で材料探索を進める「自律材料探索AI」を紹介しましたが、AIロボット自律合成装置はそれの実空間（リアル）バージョンということになります。

　図4.13は、「AIロボット自律合成装置」の概略図です。役割を持ったいくつかの部屋（チャンバー）に分かれており、サンプルは中央のロボットアームによって自動で真空輸送されます。このシステムはやりたい実験に合わせて組み替えることができます。例えば図4.13の右側は、合成装置（スパッタ）、4つの計測装置（抵抗測定、磁化測定、光学測定、膜厚測定）、搬入口（ロードロック）を組み合わせて構築したシステムのイメージです。この装置内で、図4.12右に示したようなループ（合成・計測・考察）を自律的に実行し続けることができます。

　論文では、この装置を用いてTiO₂薄膜の自律合成をデモンストレーションしています[1]。TiO₂は、その合成プロセス条件によって半導体にも絶縁体にも

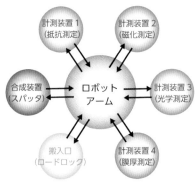

AIロボット自律合成装置の概略です。役割を持ったいくつかの部屋（チャンバー）に分かれており、サンプルはロボットアームによって自動で真空輸送されます。このシステムはやりたい実験に合わせて組み替えることができます。例えば右側は、合成装置（スパッタ）、4つの計測装置（抵抗測定、磁化測定、光学測定、膜厚測定）、搬入口（ロードロック）を組み合わせて構築したシステムのイメージです

図4.13　AIロボット自律合成装置の概略図（提供：東京工業大学　清水亮太先生）

なります。つまり、電気抵抗の値が桁で変化するため、TiO_2の最適な合成プロセス条件を見つけることは非常に大切です。

　今回は、TiO_2の合成プロセスパラメータの一つであるスパッタ成膜時の酸素分圧を最適化して、電気抵抗値が最小となるTiO_2膜を合成します。図4.13における合成装置（スパッタ）と計測装置1（抵抗測定）を使い、成膜基板（ガラス基板）がその間をロボットアームによって自動的に真空輸送されることで、図4.12右のループ（合成・計測・考察）を実行して自律的に材料合成を進めます。ベイズ最適化（Lv.1本の3.7）の部分で構築されるガウス過程回帰モデルの目的変数は電気抵抗値$Y_{電気抵抗}$、説明変数は酸素分圧$X_{酸素分圧}$です。

$$Y_{電気抵抗} = f(X_{酸素分圧})$$

　このAIロボット自律合成装置によるTiO_2薄膜の自律成膜の結果を**図4.14**に示します。合成・計測・考察のループを8周させた時点でのデータです。各

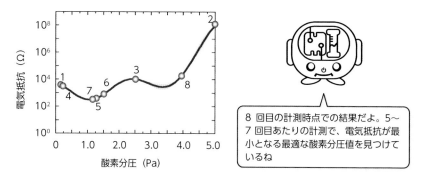

図4.14　AIロボット自律合成装置によるTiO$_2$薄膜合成時の酸素分圧の自律最適化
（提供：東京工業大学　清水亮太先生）

測定点の数値は測定の順番を表し、青のラインとピンクの帯はそれぞれ、ガウス過程回帰モデルでの予測値と分散です。この結果を見ますと、8回目終了時点で既にだいたいの探索を終えており、5〜7回目くらいの探索で、TiO$_2$薄膜の電気抵抗値が最小となる酸素分圧値を当てていることが分かりますね。

　今回は、分かりやすいデモンストレーションのために、説明変数が酸素分圧だけの一次元のプロセス空間を探索しましたが、当然この次元は増やせます。実際にはスパッタのパワー、ターゲットと基板の距離、成膜温度、ポストアニール温度、ポストアニール時間、などなど非常に多くの合成パラメータの次元でプロセス条件を自律探索することができます。また、複数の計測を組み合わせた多目的ベイズ最適化をすることもできます。例えば図4.13の計測装置1（抵抗測定）と計測測定2（磁化測定）の両方を使い、抵抗値が最小でかつ磁化が最大の薄膜材料を自律合成することも可能です。非常に便利ですね。

　今回のような研究は、ロボットが実際に動いて自律合成する様子（動画）を見た方が、イメージと凄さが伝わりやすいと思います（書籍だとどうしても伝わらない……）。そのため参考文献のところに、動画の情報を載せておきます[9]。

(1)　R. Shimizu et al. Autonomous materials synthesis by machine learning and robotics. APL Materials 8, 111110 (2020)

(2) C. W. Coley et al. A robotic platform for flow synthesis of organic compounds informed by AI planning. Science 365, eaax1566（2019）

(3) B. Burger et al. A mobile robotic chemist. Nature 583, 237-241（2020）

(4) P. Nikolaev et al. Autonomy in materials research：a case study in carbon nanotube growth. npj Comput. Mater. 2, 16031（2016）

(5) Z. Li et al. Robot-Accelerated Perovskite Investigation and Discovery. Chem. Mater. 32, 5650-5653（2020）

(6) L. M. Roch et al. ChemOS：Orchestrating autonomous experimentation. Sci. Robot. 3, eaat5559（2018）

(7) J. M. Granda et al. Controlling an organic synthesis robot with machine learning to search for new reactivity. Nature 559, 377-381（2018）

(8) R. F. Service. AIs direct search for materials breakthroughs. Science 366, 6471 1295-1296（2019）

(9) AIロボット自律合成装置の動画
https://aip.scitation.org/doi/suppl/10.1063/5.0020370

4.5 ニューラルネットワークを用いて酸化物のスペクトルから物性を予測する研究

マテ インフォ	プロセス インフォ	計測 インフォ	物理 インフォ	数値 データ	曲線 データ	画像 データ	グラフ データ

　次は、「マテインフォ」×「曲線データ」の研究事例の紹介です。東京大学の溝口照康先生や清原慎博士らは、吸収スペクトルを機械学習で解析して、物性を考察したり予測したりすることを可能にしています[1]。

　まずは、今回登場する電子エネルギー損失分光スペクトル（Electron Energy Loss Spectroscopy；EELS）について簡単に説明します。EELSは主に透過型電子顕微鏡（TEM）や走査透過型電子顕微鏡（STEM）を用いて、入射電子が材料（サンプル）との相互作用により失うエネルギーを計測することで得る吸収スペクトルです。ナノスケールレベルの空間分解能で計測をすることができます。このEELSに現れる吸収端近傍のエネルギー損失吸収端微細構造スペクトル（Energy Loss Near Edge Structure；ELNES）は、内殻軌道から非占有軌道への電子遷移に関する情報を持った内殻電子励起スペクトルです。電子が遷移する先の部分状態密度（PDOS）を反映しているため、局所的な原子配列や化学結合に関する情報を持っています。

　このELNESスペクトルは第一原理計算からシミュレートすることもできます。例えば、**図4.15**には、密度汎関数理論（DFT）からシミュレートした様々な酸化物の酸素（O）K吸収端のELNESスペクトルを示しています（CASTEPコード[2]使用）。それぞれの材料に固有のスペクトル形状を持っていますね。

　今回はELNESスペクトルから、Lv.1本の3.5で説明したニューラルネットワーク（NN）で酸化物の材料物性（結合長、結合角、Mulliken電荷）を予測します。説明変数はELNESスペクトルのintensityで、0.1eV刻みの160次元のデータです。目的変数は材料物性（結合長、結合角、Mulliken電荷）で、こちらも第一原理計算からシミュレートした結果を学習データとして用います。**図4.16**には、今回のニューラルネットワークのイメージを示しています。活性化関数としてRectified Linear Unit（ReLU）を使ったり、隠れ層の

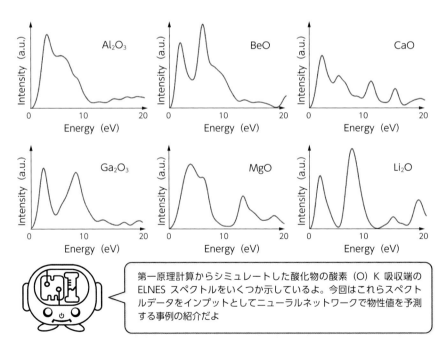

第一原理計算からシミュレートした酸化物の酸素（O）K吸収端のELNESスペクトルをいくつか示しているよ。今回はこれらスペクトルデータをインプットとしてニューラルネットワークで物性値を予測する事例の紹介だよ

図4.15　様々な酸化物の酸素（O）K吸収端のELNESスペクトル
　　　　（提供：東京大学　溝口照康先生）

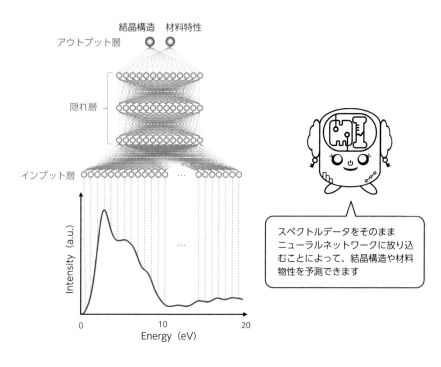

図4.16　ニューラルネットワーク（NN）の構造イメージ

ドロップアウト率を0.5に設定したりといろいろしていますが、この辺の細か
いことは論文を見ていただければと思います[1]。

　図4.17にこのニューラルネットワークでELNESスペクトルから各物性値
（結合長、結合角、Mulliken電荷）を予測した結果を示しています。どれも高
精度に予測できていますね。ELNESスペクトルから結合長や結合角を予測で
きることは、そこまで驚きではありません。ELNESスペクトルは局所的な原
子配列や化学結合に関する情報を持っていますので、ここから結合長や結合角
を予測することができるのは、特に不思議ではないですよね。一方、Mulliken
電荷がELNESスペクトルから予測できることに関しては、直観的にちょっと
引っかかる方がいるかもしれません（筆者もちょっと不思議に思いました）。
初めの方にちょっと説明しましたが、ELNESスペクトルは、内殻軌道から非
占有軌道への電子遷移に関するスペクトルです。そのため、Mulliken電荷な

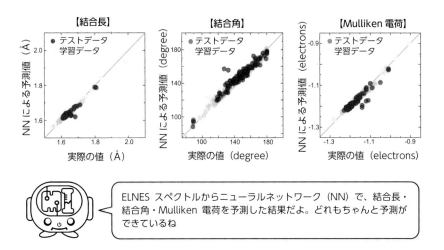

図4.17 ELNESスペクトルからニューラルネットワーク（NN）で各物性値を予測した結果
（提供：東京大学　溝口照康先生）

どの価電子状態と直接的な関わりはないはずです。それにもかかわらず
ELNESスペクトルから機械学習でMulliken電荷を予測できているということ
は、ELNESスペクトル（内殻軌道から非占有軌道への電子遷移）には価電子
の情報が暗に含まれている可能性を示唆しているのです。機械学習って面白い
ですね。

　論文ではこの他にも、ノイズを使ってスペクトルのデータ水増し（Data-
Augmentation, 第3章3.3項）を行ってモデルの精度を上げたり、決定木やク
ラスター解析を使いこなしてスペクトルの解析をしたりと、様々な取り組みが
載っています。スペクトルデータを機械学習で解析したい方は、ぜひ一度読ん
でみると良いと思います[1),3)]。

(1) T. Mizoguchi et al. Machine learning approaches for ELNES/XANES. Microscopy 69, 2
92–109（2020）
(2) S. J. Clark et al. First principles methods using CASTEP. Z. Krist. 220, 567–570（2005）
(3) K. Kikumasa et al. Quantification of the Properties of Organic Molecules Using Core-
Loss Spectra as Neural Network Descriptors. Adv. Intell. Syst. 202100103（2021）

4.6 ECMアルゴリズムを用いて、スペクトルデータを高速自動フィッティングする研究

マテ インフォ	プロセス インフォ	**計測 インフォ**	物理 インフォ	数値 データ	**曲線 データ**	画像 データ	グラフ データ

　次は、「計測インフォ」×「曲線データ」の事例紹介です。松村太郎次郎先生（AIST）、安藤康伸先生（AIST）、永村直佳先生（NIMS）らのグループは、データ科学を活用したハイスループット自動ピークフィッティング技術を開発しました[1)-3)]。

　近年、材料の計測・分析技術が発展し、様々な種類の計測が多様なスケールでハイスループットに可能となっています。いわゆる、マルチスケール・マルチモーダル・ハイスループット計測です。例えば、**図4.18**には、放射光施設を活用して行われる走査型光電子顕微鏡（SPEM：Scanning Photoelectron Microscopy）の実験のイメージを示しています。励起光源を集光して微小スポットを形成し、サンプル上を走査させることで高空間分解能のX線光電子分光（XPS：X-ray PhotoElectron Spectroscopy）マッピングを行うことができます[4),5)]。図4.18左上のように撮影画像の1ピクセルごとにXPSスペクトルを取得することができるため、一回の計測だけでもとんでもない量のスペクトルデータが得られます。

　スペクトルデータを入手することができたら、通常はまずフィッティングを施します。例えば**図4.19**には、リチウムイオン二次電池正極活物質（$LiMn_2O_4$）のLi 1sとMn 3pのXPS測定の結果を示しています[6)]。このフィッティングの結果から、Liが少ない場合（$Li_{1-\delta}Mn_2O_4$）とLiが多い場合（$Li_{1-\delta}Mn_2O_4$）の違いを定量的に解析することができますね。しかし、このようにいくつものピーク成分が密集している場合、フィッティングを施すのは大変です。フィッティングの初期値に依存して様々な結果（局所解）になってしまうため、一本一本のフィッティングは慎重に実行しなくてはなりません。このようにスペクトルが3本しかないのであれば、人間が1本1本じっくりフィッティングすればよいのですが、何万本も何億本もスペクトルがある場合、そうはいきません。気軽に「この100万本のスペクトルを今週中に全部フィッティ

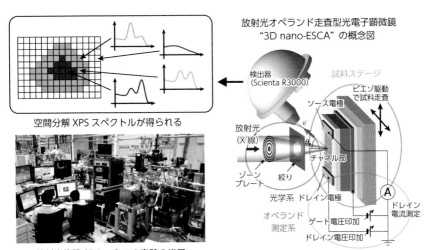

走査型光電子顕微鏡（SPEM）の解説図です。高空間分解能のX線光電子分光（XPS）マッピングを行うことができます。一度の計測で非常に多くのスペクトルが得られるため、解析が大変です

図4.18 走査型光電子顕微鏡（提供：NIMSの永村直佳先生）

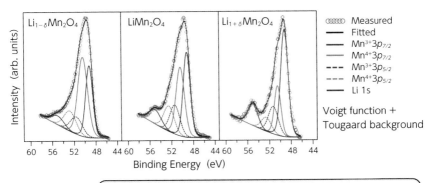

LiMn₂O₄のLi 1sとMn 3pのXPS測定の結果だよ。こんなふうにいくつものピーク成分が密集している場合、フィッティングを施すのは大変だなあ。フィッティングの初期値やバックグラウンド関数の依存性があるからね。スペクトルが数本程度ならまだいいんだけど、何万本も何億本もある場合は、人間が1本1本丁寧にフィッティングするのはもはや不可能だよね

図4.19 スペクトルフィッティングの例（提供：NIMS 永村直佳先生）

ングして解析しておいてね♪」なんて部下や学生に依頼したら、すぐにパワハ
ラ認定されてしまいます。

　しかし、データ科学の力を借りれば、このような大量のスペクトルのフィッ
ティングが高速にかつ簡単にできます。ベイズ推定に基づいた交換モンテカル
ロ法による高精度フィッティング技術[7]や、ベイズ情報量基準によるピーク成
分数推定[8]などいろいろありますが、ここでは「Spectrum adapted
Expectation-Conditional Maximization（ECM）アルゴリズム」によるハイス
ループット自動ピークフィッティング技術を紹介します。この手法は、昔から
ある Expectation-Maximization（EM）アルゴリズムをベースとします。混合
ガウス分布（GMM）のパラメータ最尤推定法としてよく知られているアルゴ
リズムで、E-step（対数尤度の条件付き期待値を計算するプロセス）と
M-step（対数尤度の条件付き期待値を最大化するプロセス）を繰り返して少
しずつパラメータを修正して探索する手法です。ただ、材料実験で得られるス
ペクトルって、単純なガウス分布（ガウス関数）ではあまりフィッティングし
ませんよね。内殻ホールの寿命に由来するローレンツ関数、ガウス関数とロー
レンツ関数の畳み込みである Voigt 関数、ピークの非対称性を加味した
Doniach-Šunjić 関数など様々な基底関数を用います。また、バックグラウン
ドシグナルの引き方に関しても、Linear 関数、Shirley 法、Tougaard 法などい
ろいろあります。Spectrum adapted ECM アルゴリズムは、EM アルゴリズム
を改造して、これら様々な基底関数やバックグラウンドにも対応した、非常に
汎用性の高いハイスループット自動ピークフィッティング技術です[2]。初期値
によって局所解に落ちてしまう心配はほとんどありません。また、"EM
Peaks" という名前の Python パッケージにもなっているので我々はすぐに使
うことができます[9],[10]。ありがたいですね。

　さて、この Spectrum adapted ECM アルゴリズムを、トンネル電界効果ト
ランジスタ（TFEF）の解析に使用した事例を見てみましょう。TFET は、急
峻なスイッチング動作により低電圧駆動が可能な次世代デバイスです[11]。この
デバイスは、原子層物質である遷移金属ダイカルコゲナイドのヘテロ接合で構
成することができます。今回は図 **4.20**a のような TFET デバイス構成を考え
てみます。この TFET の動作において、デバイス構造内のミクロな電子状態

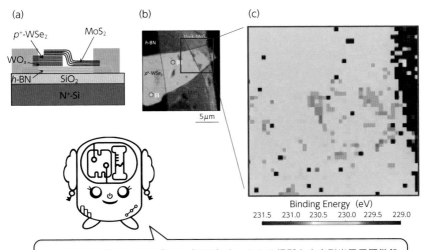

トンネル電界効果トランジスタ（TFET）内のとある場所を走査型光電子顕微鏡（SPEM）で XPS スペクトルマッピングを取ったデータに、Spectrum adopted ECM を応用した結果です。非常に多くのスペクトルを自動でフィッティングすることにより、ピークシフトの二次元マッピングを見ることができます。

図4.20　Spectrum adapted ECMアルゴリズムのTFETデバイスへの応用
　　　　（提供：NIMSの永村直佳先生）

の分布は非常に重要です。

　そこで、このTFETデバイスの特定の場所においてSPEMによりXPSスペクトルマッピングを取得しました。図4.20bは、その場所の光電子強度マッピングです。この画像の各ピクセル一つ一つに、XPSスペクトルがあります。トータルのスペクトルの本数はものすごい数です。これらXPSスペクトルを1本1本フィッティングするのは非常に大変ですので、ここでSpectrum adapted ECMアルゴリズムを用いて自動で全部フィッティングします。そうすると各スペクトルすべてに対して、ピークの高さ、位置、幅などの情報を得られます。

　例えばここから、Mo 3dのピーク位置（ピークシフト）をマッピングしてみましょう。すると図4.20cのようになります。欠陥などに由来するピークシフトの場所ムラがはっきりと確認できますね。ピークシフトを二次元マッピングで見ることで初めて確認できたことです。従来はこのようにピークシフトを二

次元マッピングとしてみることは非常に困難でしたが（というか大変すぎてやろうと思わない）、Spectrum adapted ECM アルゴリズムを使えば短時間で簡単にできます。便利な時代になりました。

(1) T. Matsumura et al. Spectrum adapted expectation-maximization algorithm for high-throughput peak shift analysis. Sci. Technol. Adv. Mater. 20 : 1, 733-745（2019）

(2) T. Matsumura et al. Spectrum adapted expectation-conditional maximization algorithm for extending high-throughput peak separation method in XPS analysis. STAM methods 1, 45-55（2021）

(3) 永村直佳ほか. 計測インフォマティクスを応用したX線顕微分光によるナノ表界面分析. 表面と真空 64, 382-389（2021）

(4) 永村直佳ほか. 電子デバイスのオペランド光電子分光実験. 表面科学 37, 1 25-30（2016）

(5) K. Horiba et al. Scanning photoelectron microscope for nanoscale three-dimensional spatial-resolved electron spectroscopy for chemical analysis. Rev. Sci. Instrum. 82, 113701（2011）

(6) N. Nagamura et al. Spectromicroscopic analysis of lithium intercalation in spinel $LiMn_2O_4$ for lithium-ion battery by 3D nano-ESCA. J. Phys. Conf. Ser. 502（1）, 012013（2014）

(7) K. Nagata et al. Bayesian spectral deconvolution with the exchange Monte Carlo method. Neural Networks, 28, 82（2012）

(8) H. Shinotsuka et al. Development of spectral decomposition based on Bayesian information criterion with estimation of confidence interval. Sci. Tech. Adv. Mat. 21, 402-419（2020）

(9) EMPeaks
https://pypi.org/project/EMPeaks/

(10) EMPeaksのチュートリアルサイト
https://staff.aist.go.jp/yasunobu.ando/post/empeaks/

(11) K. Nakamura et al. All 2D Heterostructure Tunnel Field-Effect Transistors : Impact of Band Alignment and Heterointerface Quality. ACS Appl. Mater. & Interfaces 12, 51598-51606（2020）

4.7 パーシステントホモロジーを用いて迷路磁区構造を解析する研究

マテ インフォ	プロセス インフォ	**計測 インフォ**	物理 インフォ	数値 データ	曲線 データ	**画像 データ**	グラフ データ

　次は、「計測インフォ」×「画像データ」の事例です。東京理科大学の小嗣真人先生らのグループは、パーシステントホモロジーを用いて迷路磁区構造画像を解析する技術を開発しました[1]。

　まずはあまり聞きなれない「迷路磁区構造」について簡単に説明します。磁石の内部には磁化の向きが揃っている領域（磁区）が細かく分かれています。例えば、ビスマス置換希土類鉄ガーネット（RIG）単結晶薄膜では複雑に入り組んだ迷路状の磁区構造が形成されます（**図4.21**）。黒い領域は紙面の奥（裏）から手前（表）向きの磁化の領域で、白い領域はその逆を表しています。このような迷路磁区構造は、物質の保磁力近傍で発現し、その保磁力の発現メカニズムと密接な関係があると考えられています。この迷路磁区構造は材料ごとに全体的な特徴はある程度類似しているのですが、磁場を印加し直すと、毎回異なる微細組織が形成され再現性がないため、従来の画像処理技術のみでは

磁区構造

磁石の内部では、磁化の向きが揃った領域（磁区）が細かく分かれています。例えば、左の図の黒い領域は紙面の奥（裏）から手前（表）向きの磁化の領域で、白い領域はその逆です。このような迷路磁区構造は磁石の保磁力と密接な関係があると言われていますが、その詳細は未解明のままです

図4.21　迷路磁区構造（提供：東京理科大学　小嗣真人先生）

解析・考察が困難でした。

　この迷路磁区構造を解析するために、今回はパーシステントホモロジー（PH：Persistent Homology）を使います。PHはすでにLv.1本の3.12で紹介しましたね。「穴」に注目して形から情報を抜き出す位相的データ解析技術の一つです。所定の作業によって生じる穴の誕生と消滅を記録することでパーシステント図（PD：Persistent Diagram）というものを作ります。Lv.1本の3.12の時は、**図4.22**上のようにガラス材料の各原子位置を中心に半径rの球を考え、その半径を大きくしていったときに発生する穴の誕生と消滅の情報を記録してパーシステント図を作りました。今回の迷路磁区構造の場合は、図4.22下のように、迷路磁区構造の線を太くしたり細くしたりすることで生じる穴の誕生と消滅の情報を記録します。いろいろなパーシステント図の作り方があるんですね。

　図4.23は、迷路磁区構造画像から作成したパーシステント図です。材料ごとや磁場ごとに異なる特徴的なパーシステント図が作成されるため、迷路磁区

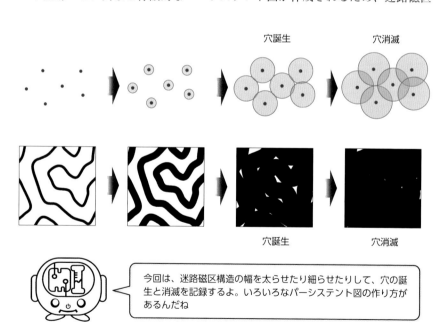

今回は、迷路磁区構造の幅を太らせたり細らせたりして、穴の誕生と消滅を記録するよ。いろいろなパーシステント図の作り方があるんだね

図4.22　パーシステントホモロジー

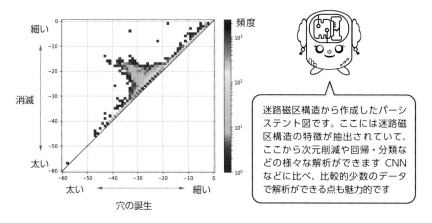

図4.23 迷路磁区構造のパーシステント図（提供：東京理科大学 小嗣真人先生）

構造の特徴を正確に抽出していると考えられます。ここから様々な解析をすることができます。例えば、保磁力に寄与するピニングサイトを迷路磁区構造の画像内に可視化したり、他の機械学習と組み合わせて材料のミクロ情報（i.e. 迷路磁区構造）とマクロ情報（e.g. 保磁力や磁化など）を結び付けたりすることができます。この辺の詳細が気になる方は、論文をぜひ読んでみてください[1]。

(1) T. Yamada et al. Visualization of Topological Defect in Labyrinth Magnetic Domain by Using Persistent Homology. Vacuum and Surface Science 62, 3, 153-160 (2019)

4.8 GANとCNNを用いて、カーボンナノチューブを開発する研究

次は、「マテインフォ」×「画像データ」の研究事例です。ADMATの本田隆先生や、AISTの室賀駿先生、中島秀朗先生、畠賢治先生らのグループは、畳み込みニューラルネットワーク（CNN）や敵対的生成ネットワーク（GAN）を用いて、カーボンナノチューブ（CNT）などの研究開発を進めています[1)-7)]。

　まずは、今回の開発ターゲットであるカーボンナノチューブ（CNT）に関して簡単に説明します。CNTは炭素（C）のみで構成されている、直径がナノメートルサイズの円筒（チューブ）状の物質です。**図4.24**左のようにこの筒が1層のものは単層CNT、図4.24中央のように直径が異なる複数のCNTが重なっているものは多層CNTと呼ばれています。CNTは強固な化学結合によって形成されているため、科学的にも熱的にも安定しており、密度がアルミニウム（Al）の半分程度と非常に軽いにもかかわらず、強度が鋼の約20倍にもなります。非常に高い電気伝導性や熱伝導性を備えており、さらにはCNTの丸め方（カイラル）によって金属にも半導体にもなります。また、図4.24右のように、CNTの中に何らかの分子を入れることで様々な機能を持たせることもできます。こういった高機能性、多機能性、汎用性の高さから、様々な分野での応用が期待されている材料です。

　今回は、このCNTの電子顕微鏡画像（SEM）を、畳み込みニューラルネットワーク（CNN）や敵対的生成ネットワーク（GAN）などで解析するお話です。CNNや生成モデルに関してはすでに第3章3.3項で簡単に説明していますが、GANに関しては説明していないので、ここで超簡単にイメージだけ説明します。**図4.25**にその大雑把なイメージを描きました。生成器（Generator）の部分はすでに第3章3.3項で簡単に説明しましたね。適当な数値Z（潜在変

カーボンナノチューブ（CNT）は、炭素（C）で構成される円筒状の物質です。高機能性、多機能性、および汎用性の高さから様々な分野で応用が期待されます。今回は、CNTの電子顕微鏡画像（SEM）を畳み込みニューラルネットワーク（CNN）や敵対的生成ネットワーク（GAN）で解析する事例です

図4.24　カーボンナノチューブ（CNT：Carbon Nanotube）（VESTA使用[7]）

数）をインプットすると適当な画像を作成する生成モデルです。一方、判別器
（Discriminator）は、生成器から作り出されるいわゆる偽物の画像と、もとも
とあった本物の画像を見分ける役割を持っています。GANでは、これら生成
器と判別器が対立するようにモデルの学習をします。つまり、生成器は判別器
に偽物だと見破られないように画像生成を学習し、判別器はしっかりと偽物と
本物を見分けられるように学習を進めます。この関係はよく紙幣の偽造で例え
られます。偽造者（生成器）は本物に近い偽札を作り出そうとし、警官（判別
器）はそれが偽物であることを見抜きます。すると偽造者はより巧妙な偽札を
作り出すように技術を発展させます。このようなイタチごっこを繰り返し、最
終的に偽装者は本物に近い偽札を作り出すことができるようになります。こん
な感じのことをモデル学習で行っているのがGANです。普通のGANはランダ
ムにサンプルされるので、生成される画像の種類を制御することはできませ

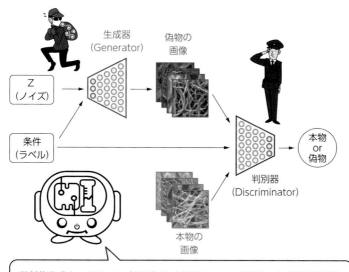

敵対的生成ネットワーク（GAN）の大雑把なイメージだよ。生成器は判別器
に偽物だと見破られないように画像生成を学習して、判別器は正確に本物と偽
物を見分けられるように学習を進めていくよ。生成器と判別器が対立しながら
学習を進めていくから、敵対的生成ネットワークという名前なんだね

図4.25　条件付き敵対的生成ネットワーク（Conditional GAN）のイメージ
　　　　（SEM画像の提供：AIST　室賀駿先生）

ん。ただ、学習画像にラベルがついている場合は、そのラベルの情報ごと生成器と判別器で学習を進めることにより、画像の種類を制御できるGANモデルを作ることができます。これを条件付きGAN（Conditional GAN）と呼びます。図4.25には「条件（ラベル）」の記載がありますので、正確にはこの図は条件付きGANのイメージです。

　今回はまず、この条件付きGANをCNTのSEM画像に応用します。CNTの電子顕微鏡画像（SEM画像）とそのラベル（市販CNTの種類など）をインプットとしてGANモデルを学習します。この際、GANで学習しやすいように画像の解像度を調節したり、SEMの倍率ごとに分けて学習を進めたり、第3章3.3項に記載した画像データの水増し作業（Data augmentation）をしたりといろいろしていますが、これらの細かいところは論文を見ていただければと思います[1]。

　図4.26では、学習済みのGANモデルで生成した偽SEM画像と実際のSEM画像を比較しています。画像生成の精度が非常に高く、もはや人間には見分けがつきませんね。画像から算出したCNTの直径やボイド径も定量的にほぼ一致しています。

　さらに、このGANモデルから生成した偽SEM画像をインプットにしてCNNを学習させることで、物性値の予測をすることもできます。図4.27は、CNNで導電率を予測した結果を示しています。高い精度で予測できることが分かりますね。この他、CNTの表面積などもCNNモデルを使ってSEM画像から予測できることが論文内では示されています。このCNNモデルを構築できれば、今後はわざわざCNTの導電率や表面積を実験的に評価しなくても、SEM画像さえとっておけば、これらの値はだいたい予測できるということですね。

(1) T. Honda et al. Virtual experimentations by deep learning on tangible materials. Commun. Mater. 2, 88（2021）
(2) S. Muroga, Deep learning virtual experiments for complex materials with non-periodic, undefinable, hierarchical, tangible structures -Overcoming the limitations of conventional materials and process informatics-. Nature Portfolio Behind the Paper（2021）
(3) 室賀駿ほか、「（注目講演）不定形材料のマテリアルズ・プロセスインフォマティクスを実現する深層学習による仮想実験法の開発」第82回応用物理学会秋季学術講演会（2021）

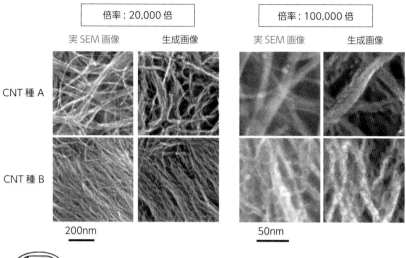

図4.26　GANで生成したCNTの偽SEM画像と本物のSEM画像の比較
（提供：AIST　室賀駿先生）

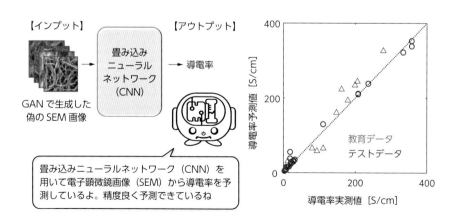

図4.27　CNNによる導電率の予測

143

(4) 室賀駿ほか、「ディープラーニング×ポリマーコンポジット仮想実験の可能性」プラスチック成形加工学会第32回年次大会（2021）

(5) S. Muroga et al. Trained models of Generative Adversarial Networks for Carbon Nanotube Hierarchical Structures. figshare（2021）

(6) 産業技術総合研究所「人工知能により材料の構造画像を生成し、物性を予測する技術を開発－AI技術で扱える材料を広げ、材料開発加速へ－」2021年10月19日
https://www.aist.go.jp/aist_j/new_research/2021/nr20211019/nr20211019.html

(7) K. Momma et al. VESTA 3 for three-dimensional visualization of crystal, volumetric and morphology data, J. Appl. Crystallogr., 44, 1272-1276（2011）

4.9 グラフニューラルネットワークを用いて、分子構造から材料物性を予測する研究

マテ インフォ	プロセス インフォ	計測 インフォ	物理 インフォ	数値 データ	曲線 データ	画像 データ	グラフ データ

　次は、「マテインフォ」×「グラフデータ」の事例です。理化学研究所および北海道大学の瀧川一学先生にご提供いただいたデータで簡単に説明します。分子構造をグラフデータとしてとらえ、そこからグラフニューラルネットワークで物性を予測する事例です。

　と、その前に、分子構造から物性値を予測する手法について簡単に俯瞰します。分子構造情報から何らかの予測をしたい場合、分子構造情報を機械学習で読み込める形に変換する必要があります。メジャーなパターンを**図4.28**に記載しました。

　まずは第3章3.1項で説明したフィンガープリントです。分子を単純な数値の長いベクトルで表したもので、既定の部分構造の有無をバイナリベクトル（0 or 1）で表したり、部分構造の出現回数をカウントベクトル（出現回数の総数）で表したりしたものです。また、SMILESに関しても第3章3.1項で説明しましたね。一定のルールに従って化学構造情報を文字列へと変換して使います。フィンガープリントやSMILESをインプットとして機械学習で予測する研究はたくさんあります[1)-21)]。

　今回は図4.28の一番下にある、グラフデータからグラフニューラルネットワーク（GNN）を使って物性予測を行うお話です。グラフデータやGNNの話

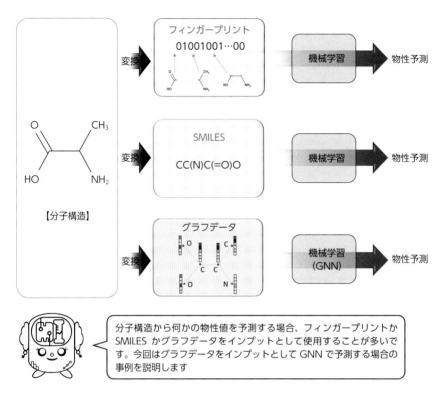

図4.28　分子構造から機械学習で物性予測をするメジャーなパターン

は第3章3.4項でしましたが、もう一度簡単にここで紹介します。**図4.29**に全
体の大雑把なイメージを書きました。まずは、分子構造からグラフデータを作
ります。原子をノード、結合をエッジとしてグラフを構成します。ノードは、
原子の種類、原子番号、結合するHの数、原子の族、原子の周期、電気陰性
度、共有結合半径、荷電子……などの原子に関する情報を持ったベクトルを持
ちます（原子ベクトル）。一方、エッジは結合の種類、結合距離……などの結
合に関する情報を持ったベクトルを持ちます（結合ベクトル）。各ベクトルの
成分に関しては、使用するデータセット（データベース）ごとに異なります
し、目的に応じて変更したりします。この他にも、グラフのトポロジー情報を
持つデータ（どの原子とどの原子が結合しているかを表すデータ）や、必要に

145

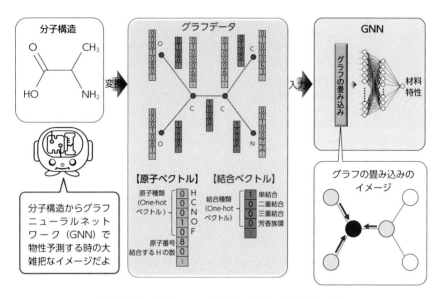

図4.29　グラフニューラルネットワークのイメージ

応じて原子のXYZ座標のデータも準備しておきます。グラフデータが準備できたら、第3章3.4で簡単に説明したGNNに放り込んで予測モデルを作ります。GNNでは、AggregateとCombineとReadoutという作業でグラフデータを畳み込むことによって固定長の特徴量ベクトル（これを「GNNで作ったフィンガープリント」と表現することもある）を作り出し、そこから全結合のニューラルネットワークなどで回帰や分類をします。

　分子構造からグラフデータを作る作業を一からやるのは非常に大変ですが、すでにこれらの準備が整っているデータセット（データベース）がたくさんあります。その中で、今回は第3章3.4項でも少しだけ紹介したPyTorch Geometric[22]などに入っている「QM9」[23]というデータセットを使います。QM9は、炭素（C）、酸素（O）、窒素（N）、フッ素（F）の数が9個以下の13万以上の分子について、自由エネルギーや内部エネルギーや熱容量などを計算した結果が載っています。

　というわけで、QM9に載っているデータで、グラフデータから各物性値をGNNで予測してみます。GNNも細かく分けるといろいろな技術があって（日々

どんどん増えているし進化していて）、Neural Fingerprint（NPF）[24),25)] とか Gated-Graph Neural Network（GGNN）[25),26)] とか Molecular Graph Convolutions （WeaveNet）[25),27)] とか SchNet[28)] とかいろいろあるのですが、今回は SchNet を使います（各詳細が気になる方は参考文献からご確認ください）。

　図 4.30 は、QM9 のデータから GNN で様々な物性値を予測した結果です。このプロットには学習データは含まれておらず、テストデータのみがプロットされています。非常に高精度に予測できていることが分かりますね。

　ちょっとここで、内部エネルギーと自由エネルギーと熱容量の予測に注目してみましょう。例えばですが、フィンガープリント（ECFP など）[29)] をインプットとして機械学習でこれらの物性値を予測しても、そこまで正しく予測ができないことが知られています[30)]。図 4.31 の下側には、フィンガープリント（ECFP6）[29)] をインプットとして、Lv.1 本の 3.5 で紹介した 3 層 MLP モデルからこれらの値を予測した結果を示しています。GNN に比べて ECFP を用いたモデルの場合は、あまり精度良く予測できていませんね。でもこれってよく考えれば当たり前のことです。分子のエネルギーなどは、分子の立体構造や原子間距離などから非常に大きな影響を受けます。ECFP などのフィンガープリントは、局所的な構造（フラグメント）の有無の情報は持っていますが、分子の立体構造や原子間距離の情報をしっかりと持っているわけではありません。要は幾何的な情報量が少ないので、ちゃんと予測できないのです。その点、グラフデータは分子の幾何的情報をしっかりと持っているので、図 4.31 上のように正確に予測ができるというわけです。

(1) D. K. Duvenaud et al. Convolutional Networks on Graphs for Learning Molecular Fingerprints. In Advances in neural information processing systems, 2224-2232（2015）
(2) J. Gilmer et al. Neural Message Passing for Quantum Chemistry. in Proc. of ICML, 1263-1272（2017）
(3) Y. Li et al. Gated Graph Sequence Neural Networks. in Proc. of ICLR（2015）
(4) S. Kearnes et al. Molecular graph convolutions：moving beyond fingerprints. J. Comput. Aided Mol. Des. 30 (8), 595-608（2016）
(5) K. T. Schütt et al. SchNet – A deep learning architecture for molecules and materials. J. Chem. Phys. 148, 241722（2018）
(6) D. Rogers et al. Extended-connectivity fingerprints. J. Chem. Inf. Model. 50, 742-754 （2010）

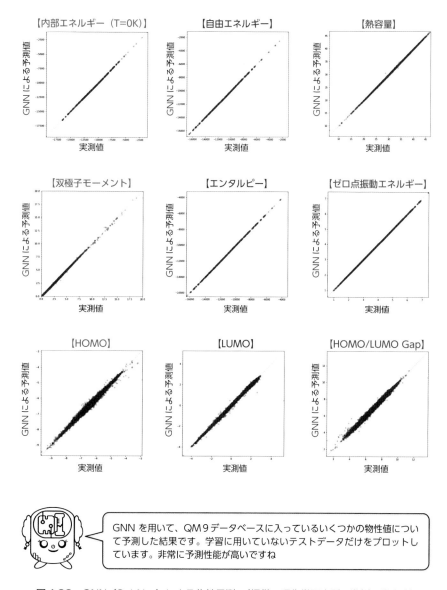

GNN を用いて、QM9 データベースに入っているいくつかの物性値について予測した結果です。学習に用いていないテストデータだけをプロットしています。非常に予測性能が高いですね

図4.30　GNN（SchNet）による物性予測　（提供：理化学研究所　瀧川一学先生）

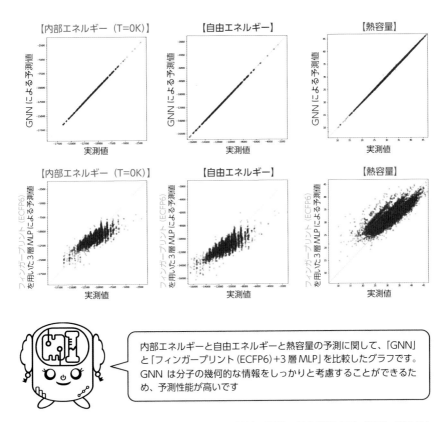

図4.31　「GNN」と「ECFP6＋3層MLP」の比較（提供：理化学研究所　瀧川一学先生）

(7) F. A. Faber et al. Prediction Errors of Molecular Machine Learning Models Lower than Hybrid DFT Error. J. Chem. Theory Comput. 13, 5255-5264（2017）

(8) H. Yamada et al. Predicting Materials Properties with Little Data Using Shotgun Transfer Learning. ACS. Cent. Sci. 5, 1717-1730（2019）

(9) K. Kim et al. Deep-learning-based inverse design model for intelligent discovery of organic molecules. npj Comput. Mater. 4, 67（2018）

(10) S. Chhabra et al. Chemical Space Exploration of DprE1 Inhibitors Using Chemoinformatics and Artificial Intelligence. ACS Omega 6, 14430-14441（2021）

(11) W. Sun et al. Machine learning-assited molecular design and efficiency prediction for high-performance organic photovoltaic materials. Sci. Adv. 5, 11 eaay4275（2019）

(12) A. M-Kanakkithodi et al. Scoping the polymer genome：A roadmap for rational polymer dielectrics design and beyond. Mater. Today 21, 7, 785-796（2018）

(13) N. Schneider et al. Development of a Novel Fingerprint for chemical Reactions and Its

Application to Large-Scale Reaction Classification and Similarity. J.Chem. Inf. Mol. 55, 39-53（2015）

(14) X. Yang et al. ChemTS : an efficient python library for *de novo* molecular generation. Sci. Technol. Adv. Mater. 18, 1, 972-976（2017）

(15) D. C. Elton et al. Deep learning for molecular design – a review of the state of the art. Mol. Syst. Des. Eng. 4, 828-849（2019）

(16) G. Lambard et al. SMILES-X : autonomous molecular compounds characterization for small datasets without descriptors. Machine learning : Science and Technology. 1（2）, 025004（2020）

(17) S. Wu et al. Machine-learning-assisted discovery of polymers with high thermal conductivity using a molecular design algorithm. npj Comput. Mater. 5, 66（2019）

(18) H. Ikebata et al. Bayesian molecular design with a chemical language model. J. Comput. Aided Mol. Des. 31, 379-391（2017）

(19) L. Chen et al. Polymer informatics : Current status and critical next steps. Mater. Sci. Eng. R Rep. 144, 100595（2021）

(20) J. A-Pous et al. Randomized SMILES strings improve the quality of molecular generative models. J. Cheminformatics 11, 71（2019）

(21) J. A-Pous et al. SMILES-based deep generative scaffold decorator for de-novo drug design. J. Chemiformatics. 12, 38（2020）

(22) Y. Bian et al. Generative chemistry : drug discovery with deep learning generative models. J. Mol. Model. 27, 71（2021）

(23) M. Moret et al. Generative molecular design in low data regimes. Nat. Mach. Intell. 2, 171-180（2020）

(24) E. J. Bjerrum et al. Improving Chemical Autoencoder Latent Space and Molecular De Novo Generation Diversity with Heteroencoders. 8（4）, 131（2018）

(25) A. Gupta et al. Generative Recurrent Networks for *De Novo* Drug Design. Mol. Inform. 37, 1-2（2018）

(26) T. W. H. Backman et al. ChemMine tools : an online service for analyzing and clustering small molecules. Nucleic. Acids Res. 39, 2, 1, W486-W491（2011）

(27) D. Vidal et al. A Novel Search Engine for Virtual Screening of Very Large Database. J. Chem. Inf. Model. 46, 836-843（2006）

(28) H. Luo et al. Drug repositioning based on comprehensive similarity measures and Bi-Random walk algorithm. Bioinformatics 32, 17（2016）

(29) PyTorch Geometric（PYG）, https://pytorch-geometric.readthedocs.io/en/latest/index.html

(30) R. Ramakrishnan et al. Quantum chemistry structures and properties of 134 kilo molecules. Scientific data, 1, 140022（2014）

4.10 シンボリック回帰を用いて自然法則の定式化をする研究

マテ インフォ	プロセス インフォ	計測 インフォ	物理 インフォ	**数値 データ**	曲線 データ	画像 データ	グラフ データ

　最後は、筆者が行った「物理インフォ」×「数値データ」の事例紹介をします。シンボリック回帰と呼ばれる手法によって、データ主導で自然法則を定式化するお話です。

　図4.32に筆者がパッと思いついた数式（公式）をいくつか書きました。当然これ以外にも何らかの法則を数式化したものは数えきれないほどたくさんあります。基本的にこれらの公式は過去の天才たちがパッと閃いたり、一生懸命に研究をしたりして導いたものです。我々はこれらの数式を覚えて使用するだけで、様々な応用をすることができます。過去の天才たちには感謝しなくてはなりません。

　当然、筆者のような凡人の脳みそでは、このような新しい自然法則の公式を

$$\frac{1}{2}mv_1^2 + mgL = \frac{1}{2}mv_2^2$$

$$\frac{a^3}{P^2} = \frac{G}{4\pi}(m_1 + m_2)$$

$$\nabla \cdot B = 0$$

$$m = \frac{m_0}{\sqrt{1 - \frac{v^2}{c^2}}}$$

$$i\hbar\frac{\partial}{\partial t}\psi(r,t) = \left\{-\frac{\hbar^2}{2m}\Delta + V(r)\right\}\psi(r,t)$$

$$\nabla \times E + \frac{\partial}{\partial t}B = 0$$

$$\nabla \cdot D = \rho$$

$$dU = \delta Q + \delta W$$

$$\pi(x) = R(x) + \sum_{k=1}^{\infty} T_k(x) + I(x)$$

> 世の中にはいろいろな自然法則（公式）があるよね。でも、僕らがまだ認識できていない新しい自然法則ってきっとたくさんあるはず。シンボリック回帰を使うと、新しい法則をデータ主導で見つけることができるかもしれないよ

図4.32　いろいろな数式

発見することはできないわけですが、もしかしたらデータ科学を活用することで、それができるようになるかもしれません。なぜかというと、十分な大量のデータが揃っていれば、そこからデータ主導で「数式モデル」を構築することができるからです。このような技術をシンボリック回帰（Symbolic Regression）と呼びます。

　シンボリック回帰は遺伝的アルゴリズム等の技術を用いて、データに合う非線形な数式を探索する技術です[1)-4)]。ただ、この入門書内で遺伝的アルゴリズムやその周辺の技術を紹介するのは少々厳しいので（もう本書の分量の限界を迎えている……）、ここでは筆者が作った簡単なシンボリック回帰手法を使って、「シンボリック回帰を使うとどんなことができるか」というイメージだけお伝えできたらと思います（ちゃんとしたシンボリック回帰の技術の詳細は参考論文を読んでください[1)-4)]）。

　筆者が作った簡単なシンボリック回帰手法では、Lv.1 本の 3.2 で紹介した LASSO を再帰的に繰り返します（Recursive-LASSO-based symbolic regression：RLS regression[5)]）。**図4.33**にそのイメージを示します。単純な四則演算、三角関数、指数関数などを組み合わせて「少し複雑な項の大量生成」を実行し、その後「LASSOによる枝刈り」をします。この作業を再帰的に繰り返しながら、データに合う非線形な数式を探索します。このように非常に単純なアルゴリズムで、データから非線形の数式を作ることができます（とりあえず、この辺のアルゴリズムのイメージが湧かなくても次に進んでください）。

　大切なのは、「シンボリック回帰を使うとどのようなことができるか」というイメージを持つことですので、実際にこのシンボリック回帰を使った事例を見ていきましょう。**図4.34**のように、とある溶液中を微小粒子が自由落下している現象を、シンボリック回帰でモデル化してみます。微小粒子の粒子径（D_p）、密度（ρ_p）、溶液の密度（ρ_f）、粘度（η）を変化させて、終端速度（v_s）を計測する実験を何度も実行しますと、図4.34下にあるようなテーブルデータが得られます。ここからシンボリック回帰で以下のモデルを構築します。

$$v_s = f(D_p, \rho_p, \rho_f, \eta)$$

たくさんのデータ

$D_p \quad v_s$
$\quad v'$
$\quad \rho_f$
$\rho_p \quad L$
$\quad m$
$v \quad \eta$

少し複雑な項
の大量生成

LASSO による
枝刈り

自然法則の数式化

$$\frac{1}{2}mv^2 + mgL = \frac{1}{2}mv'^2$$

$$\frac{a^3}{P^2} = \frac{G}{4\pi}(m_1 + m_2)$$

$$m = \frac{m_0}{\sqrt{1 - \dfrac{v^2}{c^2}}} \quad \text{etc.}$$

「少し複雑な項の大量生成」と「LASSO による枝刈り」を再帰的に繰り返すことで、データに合う非線形な数式を見つけることができます

図4.33　シンボリック回帰のイメージ

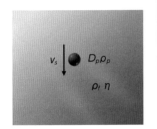

記号	説明
v_s	終端速度
D_p	微小粒子の粒子径
ρ_p	微小粒子の密度
ρ_f	溶液の密度
η	溶液の粘度
g	重力加速度（一定）

今回は、「微小粒子が溶液中を自由落下している現象」をシンボリック回帰でモデル化してみるよ

	D_p	ρ_p	ρ_f	η	v_s
測定1	0.00018909	5278.35375	1768.33173	0.0011249	0.062023
測定2	0.0001884	5328.90129	1259.72546	0.0010283	0.077594
測定3	0.00010918	5975.36061	1907.67058	0.0011066	0.023341
測定4	0.00016333	5790.99592	1836.67242	0.0010983	0.05099
測定5	0.00011301	5190.18552	1108.84945	0.0010786	0.027152
⋮	⋮	⋮	⋮	⋮	⋮

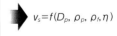

$v_s = f(D_p, \rho_p, \rho_f, \eta)$

図4.34　微小粒子が溶液中を自由落下している現象のモデル化

その結果を**図4.35**に示します。比較のために、シンボリック回帰だけでなく、単純なLASSOとニューラルネットワーク（NN）による結果も併記しました。まずLASSOでのモデル化についてです。LASSOは線形モデルですので、モデルを線形和の数式で表現できます。いわゆる大局説明をすることができるホワイトボックスモデルというやつです（コラム2参照）。我々はこの数式を見ながら「D_pはポジティブに効いている」とか「ρ_pやρ_fはモデルにあまり効いていない」とかの考察をすることができます。しかし、予測精度（Cross Validation Mean Absorute Error; CV-MAE）を見てみると、NNやシンボリック回帰モデルより悪いです。これは考えてみれば当たり前のことですね。今回の「溶液中を微小粒子が自由落下している現象」は非線形現象なのですが、これを線形モデルであるLASSOで表現しようとしても無理に決まって

	予測精度	モデルの可視化
LASSO	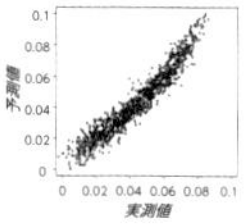 3.82×10^{-3}CV-MAE	$v_s=-0.637+700.679D_p+0.001\rho_p-0.001\rho_f-465.073\eta$
NN	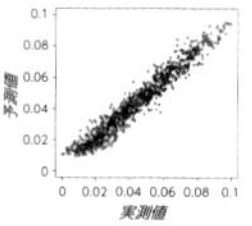 CV-MAE2.95×10^{-3}	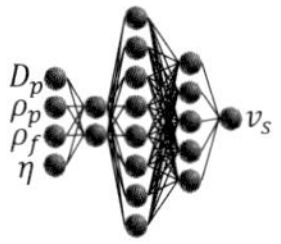
シンボリック回帰	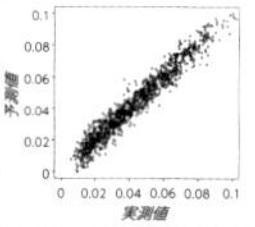 2.96×10^{-3}CV-MAE	$v_s=-0.0039+0.602\dfrac{D_p^2(\rho_p-\rho_f)}{\eta}-0.00000147\left(\rho_p-\dfrac{\rho_p^2}{D_p}\rho_f\right)$

シンボリック回帰を使うと、非線形な自然法則をデータ主導で見つけることができます。この場合は、ストークスの式を見つけていますね。一方、LASSO は線形モデルなので、この非線形現象を正確にモデル化することはできません。また、NN は予測精度が良いのでストークスの式のようなものをモデル内に構築することができているとは思うのですが、ブラックボックスなので私たち人間はそれを認識することができません

図4.35 シンボリック回帰とLASSOとNNの比較

います。やはり、こういった非線形現象をフレキシブルに表現する手法としてはNNなどのモデルの方が向いています。NNは予測精度が高いため、この「溶液中を微小粒子が自由落下している現象」がNN内部である程度正確にモデル化されているはずです。しかし、NNはブラックボックスなのでモデルの中身を可視化することが難しく、我々人間がNNモデルから何らかの法則（公式）を認識することは非常に困難です。つまり、「機械学習（AI）はこの現象を理解しているけれども、それを人間は認識できない」、という状況になります。これは、材料科学者（特に筆者のような物理学出身の人）にとっては非常に不愉快な状況です。そこに何らかの法則性やルールが存在するのは間違いないのに、それがなんなのか認識できないわけですので。

　シンボリック回帰では、非線形現象の「数式モデル」を導いてくれますので、我々としてはその現象を認識・解釈することができます。今ここで図4.35に示されているシンボリック回帰が導いた非線形数式について考えてみましょう。非常に小さい値の切片（第一項目）と回帰係数（第三項目）は無視して、支配的である第二項だけに注目してみましょう。

$$v_\mathrm{s} = 0.602 \frac{D_p{}^2 (\rho_p - \rho_f)}{\eta}$$

　これを見てお気づきの方もいるかと思いますが、これって下に示すような、粒子の自由落下の公式であるストークスの式とほとんど同じ形をしています（gは重力加速度）。

$$v_\mathrm{s} = \frac{g}{18} \frac{D_p{}^2 (\rho_p - \rho_f)}{\eta}$$

つまり大量のデータさえあれば、シンボリック回帰を使って人間の知識を使わずデータ主導でストークスの式を導けるということです。このストークスの式（Stokes' law）は、おそらく大昔にストークスさんが発見したものだと思うのですが、もし仮に筆者がストークスさんよりも早く生まれて、シンボリック回帰でこのモデル化をしていたら、もしかしたらこの式の名前が「Stokes' law」ではなく「Iwasaki's law」になっていたかもしれません……というのは冗談で

すが、現在もまだ見つかっていない自然法則や物理法則はたくさんあると思いますので、こういったものが今後はシンボリック回帰のようなデータ科学から発見されることがあるかもしれませんね。

(1) M. Schmidt et al. Distilling free-form natural laws from experimental data. Science 324, 5923 81-85 (2009)

(2) S-M. Udrescu et al. AI Feynman：A physics-inspired method for symbolic regression. Sci. Adv. 6, eaay2631 (2020)

(3) R. K. McRee et al. Symbolic Regression Using Nearest Neighbor Indexing. GECCO'10, 1983-1990 (2010)

(4) S. Stijven et al. Separating the wheat from the chaff：on feature selection and feature importance in regression random forests and symbolic regression. GECCO'11, 623-630 (2011)

(5) Y. Iwasaki et al. Data-driven formulation of natural laws by recursive-LASSO-based symbolic regression. Preprint arXiv：2102.09210 (2021)

索引

英数字

Active learning ……………………… 22
AES ………………………………… 74
Aggregate ………………………… 89
AIロボット自律合成装置 ………… 124
AutoEncoder ……………………… 82
CAE ………………………………… 83
CAM ………………………………… 64
Class Activation Mapping ………… 64
Closed-loop ………………………… 18
CNN …………………………… 79, 140
CNT ………………………………… 139
Combine …………………………… 89
Conditional GAN ………………… 142
Convolutional Neural Network …… 79
CV …………………………………… 53
Data Augmentation ……………… 84
Deep Graph Library ……………… 90
DFT ………………………………… 129
Directed Edge ……………………… 87
Discriminator ………………… 83, 141
DoS ………………………………… 74
Dropout …………………………… 83
ECFP ……………………………… 147
Electron Energy Loss Spectroscopy … 128
ELNES ……………………………… 128
EM Peaks ………………………… 134
Energy Loss Near Edge Structure … 128
Explainable AI …………………… 12
FAB/HMEs ……………………… 59, 61
Factorization Machine …………… 103
Feature Importance ……………… 60
GAE ………………………………… 89
GAN …………………………… 83, 140
Gaussian Process ………………… 27
GCN ………………………………… 89

Generative Adversarial Networks …… 83
Generator ……………………… 83, 140
Global Optimization ……………… 109
Global Surrogate ………………… 63
GNN ………………………………… 87
Graph Autoencorder……………… 89
Graphnets ………………………… 90
GRN ………………………………… 89
Interpretable machine learning …… 12
IoT化 ……………………………… 8
IR …………………………………… 74
KGF-3 ……………………………… 120
KKR-CPA ………………………… 108
L₁正則化 …………………………… 43
LASSO………………………… 43, 60
Leave One Out Cross Validation…… 53
LIME ……………………………… 62
Ln-MOF …………………………… 120
Local Explanations……………… 60
Local Interpretable Model-agnostic
　Explanations ………………… 62
Local Surrogate ………………… 63
MatNavi …………………………… 8
MAXプーリング ………………… 81
Metal-Organic Frameworks ……… 120
MLP ……………………………… 147
MOF ……………………………… 120
MOKE ……………………………… 110
Multimodal Learning …………… 96
Nested Cross Validation ………… 55
Nested CV ………………………… 55
Netural Language Processing …… 95
NLP ………………………………… 95
NMF ………………………………… 76
OFM ………………………………… 97
One-hotエンコーディング ………… 68

Orbital Field Matrix ……………………… 97
PD …………………………………… 138
Permutation Importance ……………… 62
Persistent Diagram ……………………… 138
Persistent Homology …………………… 138
PH ……………………………………… 138
PLD …………………………………… 124
PyTorch ………………………………… 83, 90
PyTorch Geometric …………………… 90
QM9 …………………………………… 146
Raman ………………………………… 74
RDKit ………………………………… 70
Readout ………………………………… 89
Rectified Linear Unit ………………… 129
Recursive-LASSO-based symbolic
　regression …………………………… 152
ReLU …………………………………… 129
RLS regression ………………………… 152
Scanning Photoelectron Microscopy …… 132
SchNet ………………………………… 147
SHAP …………………………………… 62
Shapley Additive explanations ………… 62
Simplified Molecular Input Line Entry
　System ……………………………… 70
Slater-Pauling limit …………………… 107
Slater-Pauling 曲線 …………………… 106
SMILES ………………………………… 70
Spectrum adapted Expectation-Conditional
　Maximization ………………………… 134
SPEM …………………………………… 132
SQUID ………………………………… 110
Stokes' law …………………………… 155
Surrogate Model ……………………… 59, 62
Symbolic Regression …………………… 152
TensorFlow …………………………… 83, 90
TFEF …………………………………… 134
Tree Surrogate ………………………… 63
UCB …………………………………… 28
Undirected Edge ……………………… 87
Upper Confidence Bound ……………… 28
UPS …………………………………… 74
VAE …………………………………… 83

Virtual screening ……………………… 22
Word2Vec ……………………………… 96
XAFS …………………………………… 74
XAI …………………………………… 58
XAS …………………………………… 74
XenonPy ……………………………… 47
XPS …………………………………… 74
XRD …………………………………… 74
X線吸収データ ………………………… 74

あ

アクティブラーニング ………………… 5, 22, 26
意味処理 ………………………………… 95
因果関係 ……………………………… 13, 48
因果グラフ ……………………………… 13
因果推論 ………………………………… 13
ウィーデマン・フランツ則 …………… 47
エッジ …………………………………… 87
エネルギー損失吸収端微細構造スペクトル
　128
エンコーダー …………………………… 82
エンコーディング ……………………… 68
オートエンコーダー …………………… 82
重み付きグラフデータ ………………… 87

か

カーネル ………………………………… 80
カーボンナノチューブ ………………… 139
解釈可能AI …………………………… 59
解析結果の客観性 ……………………… 10
回折データ ……………………………… 74
外挿 …………………………………… 26
カイラル ………………………………… 140
カウントベクトル ……………………… 71
学習データ ……………………………… 55
学習率 ………………………………… 83
獲得関数 ………………………………… 28
可視化 …………………………………… 8
カテゴリ変数 …………………………… 68, 121
機械学習 ………………………………… 2
疑似相関 ………………………………… 48
逆因果 ………………………………… 49

局所説明 …………………………………… 60
金属有機構造体 …………………………… 120
組み合わせ最適化問題 …………………… 100
クラスター解析 …………………………… 76
グラフオートエンコーダ ………………… 89
グラフ回帰問題 …………………………… 89
グラフ再帰型ニューラルネットワーク … 89
グラフ畳み込みニューラルネットワーク … 89
グラフニューラルネットワーク ………… 144
グラフ分類問題 …………………………… 89
クロスバリデーション …………………… 53
計算科学 …………………………………… 3
計測インフォマティクス ………………… 2
結合ベクトル ……………………………… 145
決定木 ………………………………… 59, 60, 120
ケモインフォマティクス ………………… 70
原子ベクトル ……………………………… 145
公正な AI …………………………………… 60
構造化 ……………………………………… 23
交絡 ………………………………………… 49
合流点バイアス …………………………… 50
コンビナトリアル実験技術 ……………… 40
コンビナトリアルスパッタ ……………… 110

さ

材料シミュレーション …………………… 25
材料の逆設計 ……………………………… 83
材料の逆問題 ……………………………… 25
識別モデル ………………………………… 83
磁気モーメント …………………………… 107
磁性合金 …………………………………… 106
自然言語処理 ……………………………… 95
実験科学 …………………………………… 3
シミュレーション ………………………… 3
主成分分析 ………………………………… 85
条件付き GAN ……………………………… 142
状態密度 …………………………………… 74
自律化 ……………………………………… 8
自律材料探索 AI …………………………… 108
自律的計測 ………………………………… 10
シングルモーダル学習 …………………… 97
深層学習 …………………………………… 12

シンボリック回帰 …………………… 13, 152
スカラー …………………………………… 68
スパースモデリング ………………… 38, 43
スパッタ …………………………………… 124
スピン分極率 ……………………………… 115
生成器 ……………………………………… 140
生成モデル ………………………………… 83
赤外分光 …………………………………… 74
説明可能 AI ………………………………… 58
説明責任のある AI ………………………… 59
線形回帰 …………………………………… 60
潜在変数 …………………………………… 82
相関関係 ……………………………… 13, 48
走査型光電子顕微鏡 ……………………… 132

た

第一原理計算 ………………………… 23, 74
大局説明 …………………………………… 60
多重共線性 ………………………………… 75
畳み込みオートエンコーダー …………… 83
畳み込み層 ………………………………… 80
畳み込みニューラルネットワーク … 79, 140
ダミーエンコーディング ………………… 69
多目的最適化 ……………………………… 31
多目的ベイズ最適化 ……………………… 114
調整データ ………………………………… 55
データ階層性 ……………………………… 25
データの水増し …………………………… 84
テキストマイニング ……………………… 8
敵対的生成ネットワーク ……………… 83, 140
デコーダー ………………………………… 82
デジタルテクノロジー …………………… 18
デジタルネイティブ ……………………… 19
テストデータ ……………………………… 54
転移学習 …………………………… 38, 43, 44
電子エネルギー損失分光スペクトル …… 128
透過型 AI …………………………………… 59
特徴マップ ………………………………… 81
特徴量 ……………………………………… 60
特徴量ベクトル …………………………… 146
ドロップアウト …………………………… 130
トンネル電界効果トランジスタ ………… 134

な

内挿 ……………………………………… 26
ナップサック問題 ………………………… 100
ニューラルネットワークモデル ………… 45
ノード ……………………………………… 87
ノード分類問題 …………………………… 89

は

パーシステント図 ………………………… 138
パーシステントホモロジー ………… 85, 138
バーチャルスクリーニング …………… 5, 22
ハーフホイスラー構造 …………………… 114
ハーフメタリックギャップ ……………… 116
ハイスループット実験 ……………… 10, 38
ハイスループットシミュレーション …… 38
ハイスループット第一原理計算 …… 106, 112
ハイパーパラメータ ……………………… 53
パレート解 …………………………… 32, 33
パレート超体積 …………………………… 34
パレートフロンティア …………………… 34
汎化性能 …………………………………… 54
判別器 ……………………………………… 141
非負値行列分解 …………………………… 85
フィルタ …………………………………… 80
フィンガープリント ……………………… 71
プーリング層 ……………………………… 81
物理インフォマティクス ………………… 2
負の転移 …………………………………… 46
ブラックボックス ………………………… 12
フルホイスラー構造 ……………………… 114
プロセス・インフォマティクス ………… 2
プロパティ ………………………………… 87
ベイズ最適化 ………………………… 27, 106
ベイズ情報量基準 ………………………… 134
変分オートエンコーダー ………………… 82

ホイスラー合金 …………………………… 114
保磁力 ……………………………………… 137
ホワイトボックス ………………………… 12

ま

マテリアルDX ………………………… 4, 15
マテリアルズ・インフォマティクス …… 2
マテリアルデジタルトランス
　フォーメーション ……………………… 4
マルチタスク学習 ………………………… 99
マルチモーダル学習 ……………………… 96
密度汎関数理論 …………………………… 129
無向グラフ ………………………………… 87
迷路磁区構造 ……………………………… 137
メタマテリアル …………………………… 103
文字列処理 ………………………………… 95
モデル解釈性 ………………………… 12, 58

や

有向グラフ ………………………………… 87

ら

ラベルエンコーディング ………………… 69
ラマン分光 ………………………………… 74
ランダムフォレスト ……………………… 60
リモート化 ………………………………… 8
量子アニーリング方式 …………………… 100
量子ゲート方式 …………………………… 100
量子コンピュータ ………………………… 100
理論科学 …………………………………… 3
リンク予想問題 …………………………… 89
類似度解析 ………………………………… 76
ロボットアーム ……………………… 17, 126
ロボティクス …………………… 17, 38, 124

●著者紹介

岩崎悠真 （いわさき　ゆうま）

物質・材料研究機構（NIMS）　主任研究員

1986年　静岡県清水市生まれ
2005年　静岡県立清水東高等学校　卒業
2009年　千葉大学理学部物理学専攻　卒業
2011年　東京大学大学院理学系研究科物理学専攻　修了
2011年　NEC中央研究所　入社
2015年　メリーランド大学　客員研究員
2017年　JST-さきがけ『マテリアルズインフォ』　研究員
2019年　産業技術総合研究所（AIST）　特専研究員
2020年　社会人博士号取得
2021年　物質・材料研究機構（NIMS）　主任研究員
2021年　東京大学Beyond AI研究所　客員研究員
2021年　JST-CREST『未踏物質探索』　研究代表者

マテリアルズ・インフォマティクスⅡ
機械学習を活用したマテリアルDX超入門

NDC501.4

2022年3月18日　初版1刷発行

定価はカバーに表示されております。

Ⓒ著　　者　　岩　崎　悠　真
　発行者　　井　水　治　博
　発行所　　日刊工業新聞社

〒103-8548　東京都中央区日本橋小網町14-1
電話　書籍編集部　　03-5644-7490
　　　販売・管理部　　03-5644-7410
　　　FAX　　　　　03-5644-7400
振替口座　00190-2-186076
URL　https://pub.nikkan.co.jp/
email　info@media.nikkan.co.jp

印刷・製本　新日本印刷株式会社

落丁・乱丁本はお取り替えいたします。　　2022　Printed in Japan
ISBN 978-4-526-08192-7

● MI と機械学習がわかる好評書籍 ●

マテリアルズ・インフォマティクス
材料開発のための機械学習超入門

岩崎悠真　著　定価（本体 2,400 円＋税）
ISBN 978-4-526-07986-3

第 1 章
マテリアルズ・インフォマティクスとは

第 2 章
材料開発における機械学習の基礎知識

第 3 章
機械学習アルゴリズムとその材料開発への応用

MI と機械学習のざっくりとしたイメージがわかる一冊だよ。これから MI に取り組んでみようという人、機械学習をざっくりと学びたい人、機械学習をどんな風につかったらいいのか悩んでいる人にオススメ♪